新时代航空服务类系列教材

总主编 陈 倩 李 俊 谢媛媛

通用航空事件调查
学习指南

主 编 饶 弘

副主编 李 明 武文懿

重庆大学出版社

图书在版编目(CIP)数据

通用航空事件调查学习指南 / 饶弘主编 . -- 重庆 : 重庆大学出版社,2024.1

新时代航空服务类系列教材

ISBN 978-7-5689-4177-8

Ⅰ.①通… Ⅱ.①饶… Ⅲ.①民用航空—飞行事故—事故分析—教材 Ⅳ.①V328.2

中国国家版本馆 CIP 数据核字(2023)第 177865 号

通用航空事件调查学习指南

TONGYONG HANGKONG SHIJIAN DIAOCHA XUEXI ZHINAN

主　编　饶　弘

策划编辑:唐启秀

责任编辑:杨　扬　　版式设计:唐启秀

责任校对:邹　忌　　责任印制:张　策

*

重庆大学出版社出版发行

出版人:陈晓阳

社址:重庆市沙坪坝区大学城西路 21 号

邮编:401331

电话:(023)88617190　88617185(中小学)

传真:(023)88617186　88617166

网址:http:// www.cqup.com.cn

邮箱:fxk@ cqup.com.cn(营销中心)

全国新华书店经销

重庆正光印务股份有限公司印刷

*

开本:787mm×1092mm　1/16　印张:11　字数:210 千

2024 年 1 月第 1 版　　2024 年 1 月第 1 次印刷

ISBN 978-7-5689-4177-8　定价:48.00 元

编委会

20世纪初莱特兄弟发明飞机以来，民航业在世界范围内以蓬勃之势迅猛发展，民航业已然成为各国相互沟通的重要桥梁。中国的民航业虽然起步相对较晚，但蓬勃发展之势不可阻挡。

突如其来的新冠疫情对世界民航业产生了一定冲击，但这并不影响民航业的复苏与继续发展，尤其是对正阔步与世界交融的中国民航业而言。随着我国自主研发的C919问世并成功实现商业首飞，中国在世界民航业的地位进一步提升。同时，与之密切相关的空中乘务专业、机场运行服务与管理专业、航空服务艺术与管理专业等将有更好的"生存土壤"和发展空间。

基于此，为进一步加强新形势下的专业发展，全面提高民航服务人员的综合素质，提升其服务水平，培养适合中国式现代化发展水平的民航服务人才，我们决定组织编写一套既符合专业特性又有别于现有教材，既有行业可操作性又具理论深度的"新"教材。为体现"新"，本套教材进行了五个方面的思考。

一是注重课程思政内容。本套教材特别突出课程思政内容，以为党和国家培养人才为目的。或以鲜活案例呈现，或在教材知识点中体现，以此培育学生爱党、爱国、爱职业的思想，不断植入社会主义核心价值观，着实践行"三全育人"理念。

二是兼顾不同教学层次，力争符合本专科学生的课程学习要求。航空服务艺术与管理专业和空中乘务专业，培养目标有相似之处，即培养机上服务人员的相关能力相似，只是前者立足于本科生，后者立足于专科生。并且由于民航业的特殊性，关于技术操作，本专科的学习内容是一致的，且无论本科还是专科，该部分内容皆是学习重点。因此,针对这些内容本套教材实现了全覆盖。而本专科教学层次不同的部分,本套教材主要以"拓展内容"的形式体现本科教学所需的"两性一度",即高阶性、创新性和挑战度,方便教师指导学生。

三是本套教材大致为两种体例。理论性较强的,按传统章节的形式呈现;实践性较强的,按任务式或工作手册的形式呈现。但无论何种体例,每章或每个项目内容均以问题为导向,并附有思维导图,不仅方便教师明确该部分内容的教学目标、重点和难点,更方便帮助学生梳理知识与知识之间、章节与章节之间的逻辑关系。

四是本套教材的实践性内容所占比重较大且数字化程度较高。本套教材的实践性内容占比近50%,其与航空服务艺术与管理专业、空中乘务专业的专业特性相符;方便使用该教材的教师在日后建设国家一流课程时所用。同时,为方便广大师生的使用,教材顺应了时代发展,大力彰显教材的数字化特性,实践性内容都附有相关视频和课件。

五是部分教材体现"1+X"的职业教育理念。无论何种教学层次,该专业的首要任务都是强调教学内容的实践和运用。为全面提升学生的行业竞争力,教材遵循"1+X"职业教育理念。凡是涉及职业资格证书的教学内容,教材皆对相应职业资格证书及其获得途径进行了介绍。

为如愿达成上述目标,我们聘请了业内资深专家对全书进行了内容规划和指导,请航空服务艺术与管理专业以及空中乘务专业的一线老师执笔。这些老师既有丰富的飞行经验,又有较高的理论水平,分别从教于专门的民航院校以及综合院校的航空服务艺术与管理专业、空中乘务专业等。

由于种种原因,教材还存在诸多不足之处,以待后续完善。敬请各位同仁在日后的使用过程中批评指正!

丛书编者

2023年6月

前　言

　　2016年,国务院办公厅印发了《关于促进通用航空业发展的指导意见》(以下简称《意见》)。《意见》明确了通用航空业核心为通用航空飞行活动,形态为串联航空器研发制造、市场运营、综合保障以及延伸服务等全产业链,定位为战略性新兴产业体系。为此,中国民用航空局(以下简称"民航局")以习近平新时代中国特色社会主义思想为指导,践行"放管结合、以放为主、分类管理"理念,推动我国通用航空产业持续快速发展。2019年,通用航空飞行112.5万小时,经营类无人机飞行125万小时,同比分别增长13.8%和26.4%。2020年以来,我国通用航空产业的发展受到了冲击,但通用航空产业仍然表现出强大的发展韧性。2021年,通用航空飞行117.8万小时,经营类无人机飞行143.6万小时,相较于2019年我国通用航空运行数据,仍同比分别增长4.7%和14.9%。这些成绩的取得,得益于民航局大力推进通航改革所营造的政策体系,以及我国全体通用航空从业人员的不懈努力。

　　生于忧患,死于安乐。在取得这些成绩的同时,我们仍需清楚地认识到,我国目前处于通用航空产业发展的初级阶段,虽然近年来其发展速度较快,但是基础仍然薄弱、环境有待优化、动能亟待增强,其发展到成熟阶段仍面临长期、艰巨的任务。2010—2021年,我国发生通用航空事故的次数每年总体呈上升趋势。2021年,我国发生通用航空事故17起,涉及人员死亡的通用航空事故7起,通用航空安全及事故调查逐渐引起人们的重视。2020年,我国民航共计216名民用航空器事件调查员接受民用航空器事件调查员初始培训,并接受民航局调查员委任,但实际上具备丰富通用航空事故调查经验的调查员占比较小。据统计,2019年民航监管系统新进公务员,有民航业背景的人员仅占21%,79%的人员来自法律、医学、会计等非民航专业。加之虽然通用航空事故可以部分委托企事业单位自行组织调查,但其调查员流动性大、经验欠缺、能力不足等问题普遍存在。因此,如何快速、全面地提升调查员的专业素质成了通用航空事故调查员培训中亟待解决的问题。

本书是一本针对通用航空事故调查员提升初始认知,了解通用航空运行实际,掌握通用航空运行中可能出现的航空器事故技术调查方法的调查培训类书籍。全书共有七个模块:模块一绪论;模块二通用航空运行通识;模块三通用航空调查基本方法;模块四通用航空事故现场勘查;模块五通用航空事故调查分析;模块六调查装备配置与管理;模块七通用航空典型事故调查案例,外加附录。本书主要针对新进调查员,包括航空局方调查员和通用航空企事业单位调查员,以打造一支素质高、能力强的专业化调查队伍为宗旨,全面、细致地介绍通用航空运行现况,阐述通用航空事故调查工作程序与方法,以本书内容抛砖引玉,促进通用航空事故调查员不断提升自身专业素质,为我国通用航空事业的安全发展作出贡献。

我国通用航空事业发展速度较快,调查技术更是日新月异,书中引用的规章为本书编写时期的最新版本。读者在阅读时,也可在民航局官网查询具体规章的最新版本。由于编者能力有限,本书在编写中难免有不足之处,敬请各位读者批评指正。

作 者

2023年5月

目 录

>>> >>> 模块一

绪论

章节导读

2020年，民航局下发了《通用航空器不安全事件委托调查实施办法》（以下简称《办法》），进一步完善通用航空事件调查处理机制。《办法》明确规定了，未造成人员伤亡的通用航空事故、通用航空事故征候，地区管理局可委托事发通航企事业单位组织调查，细化了接受委托调查单位的前提条件。由此，我国通用航空事故技术调查工作便细分为企事业单位自行组织调查的通用航空非亡人事故和航空局方及其授权单位组织调查的通用航空亡人事故、通用航空非亡人事故。2022年，民航局已形成以《民用航空器事件技术调查规定》（CCAR-395-R3）为核心、12份规范性文件组成的调查规章体系，为规范航空器事件调查奠定了坚实的制度基础。

学习目标

知识目标：

1.认识通用航空安全生产现状。

2.了解通用航空事故技术调查普遍问题。

能力目标：

1.正确认知我国通用航空事故现状。

2.清楚通航事故调查工作目的。

素质目标：

1.培养坚定四个自信，践行社会主义核心价值观。

2.培养提高使命感与责任感。

第一节　我国通用航空事故现状介绍

近年来,我国通用航空一直保持较快的发展态势,其应用领域与飞行业务量不断扩大,特别是无人机行业的兴起,更是引起了新一轮的通用航空发展热潮。但是随着通用航空业务的发展,通用航空事故也屡见不鲜。

一、通用航空事故统计

随着《关于促进通用航空业发展的指导意见》《中国民用航空发展第十三个五年规划》等文件的出台和民航局"一二三三四"战略框架的建立,通用航空作为民航发展重要两翼之一,迎来了前所未有的快速发展。根据我国民航行业发展统计公报,2010—2020年,我国在册通用航空器数量、通用航空飞行小时数、通用航空企业数量如图1.1—图1.3所示(不包含我国港澳台地区)。

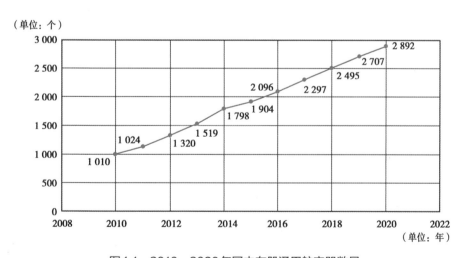

图1.1　2010—2020年国内在册通用航空器数量

从数据可以看出,我国在册通用航空器数量、通用航空飞行小时数、通用航空企业数量基本以每年10%以上的速度增长。通用航空的快速发展得益于国家出台的系列有力政策,2016年国务院办公厅基于事件分析的通用航空安全提升对策建议印发《关于促进通用航空业发展的指导意见》,民航局出台多项资金扶持政策,包括《通用航空发展专项资金管理暂行办法》《民航中小机场补贴管理暂行办法》和《支线航空补贴管理暂行办法》等,各地也出台各种有力政策,促进了通用航空事业的发展。

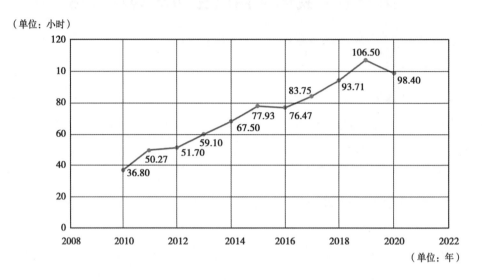

图1.2　2010—2020年国内通用航空飞行小时数

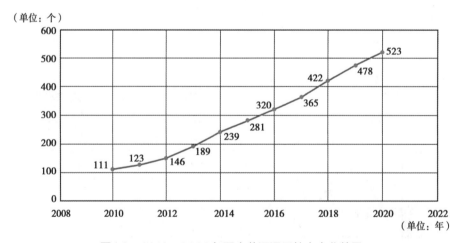

图1.3　2010—2020年国内获证通用航空企业数量

　　由于通用航空作业点多面广,保障条件和作业环境差,安全基础脆弱,保证安全体系和机制不健全等,我国通用航空飞行事件率不断攀升。其中2019年共发生15起事件,死亡8人;2020年共发生16起事件,死亡13人;2021年共发生17起通用航空事故,死亡18人(人员死亡数量达到近三年最高)。根据我国民航行业发展统计公报,2010—2021年通用航空事件及死亡人数如图1.4所示(不包含我国港澳台地区)。从图中可以看出,我国通用航空事件和亡人数量总体上还处于不断上升的趋势。

因此,在通用航空业规模迅猛增长的同时,通用航空事故调查将面临空前的挑战,调查能力的提升将会为准确分析事件调查原因,保障通用航空运行安全提供重要依据。

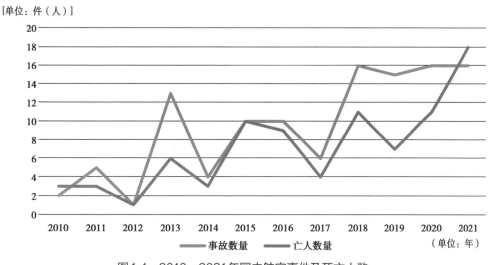

图1.4 2010—2021年国内航空事件及死亡人数

二、通用航空事故调查情况

目前,我国通用航空事故技术调查在工程技术鉴定、飞行数据分析、人为因素分析等方面还存在以下共性问题。

(一)溺水事故现场勘查难度大、证据难固定

案例:2012年云南某通用航空有限公司直升机坠水事故。

2012年7月21日,云南某通用航空有限公司贝尔206L-4直升机在云南省楚雄彝族自治州执行输电线巡线任务,任务结束返航途中,约当日下午5点35分直升机坠入青山嘴水库,坠水深度约9米,直升机损毁,造成机上1人死亡,1人轻伤。

难点:油品分析。

由于失事直升机已沉入水底,水从油箱的通气孔渗入油箱内部,形成燃油和水的混合物,现场燃油无法提取,只能封存公司所属的楚雄彝族自治州临时作业点的加油车,对加油车剩余燃油进行取样调查。因此,溺水事故现场勘查的油品取样难度大,证据难固定。

(二)涉及飞行员自身主观原因时,难以调查,只能推测

案例:2013年河北某通用航空股份有限公司飞机冲偏出跑道。

2013年5月3日,河北某通用航空股份有限公司飞行学员驾驶J160-C飞机在河北黄骅机场实施熟练飞行,着陆滑跑152米后偏出跑道,在草地上滑跑约75米冲入跑道左侧水坑中,飞机机头触地,机身反扣,停在19号跑道350米左侧25米处。其造成飞机螺旋桨、垂直尾翼、左机翼、前起落架、左侧舱门等严重受损,人员安全,构成一起通用航空一般事故。

难点:对飞行员主观原因造成的事故进行调查时较难。

本次事故调查结果显示,最可能的原因是飞行员对机型不熟悉,在着陆过程中方向偏差大,修正不及时,且着陆后刹车使用不当,导致飞机以较快速度冲出跑道。而类似事故发生的原因只能靠飞行员自述或者依据现场反推。因此,飞行员自身操控不当造成的事故,其取证较为困难。

(三)大多事故缺乏飞行数据记录器,无法真实还原飞行过程,难以排除其他可能性

案例:2013年某飞行学院直升机坠水事故。

2013年9月17日,某飞行学院R22直升机,在徐州观音机场东南方向2号空域执行飞行训练任务时坠入河中,2名机组人员逃生,无人员伤亡,航空器受损严重,构成一起机组操纵原因导致的通用航空一般事故。

难点:因缺乏飞行记录设备等,无法完全排除机组低空飞行剐蹭电缆坠入水中的可能性。CCAR-91部91.433条并未明确要求通用航空飞机加装飞行数据记录器,但是基于事故调查及飞行品质监控的需要,应加装FDR、CVP或等效设备。

(四)低空作业事故发生较多,不同作业类型事故需要专业人员调查

案例:2011年某通用航空直升机在中国南极中山站可控飞行撞地。

2011年12月8日,南极中山站当地时间21点30分,中国极地研究中心所属、由某通用航空有限责任公司执管的直升机,在配合中国第28次南极科考队伍执行任务期间,在距中国南极中山站以北3.5公里处着陆时发生侧翻,直升机报废,2名机组成员1人受轻伤。

难点:直升机如何配合科考队执行任务是此次事故直升机侧翻过程还原的重要依据,在类似的事故中,如果直升机驾驶员和科考队对接人员死亡,则很难深入调查此类事件,原因在于掌握并了解对接过程的第三人很难找到。因此重视通用航空事故发生时的作业过程,利用飞行数据(如QAR、FDR)等还原事故发生过程是作业类通用航空事故调查的重点。

第二节 通航事故调查员培训现状

一、近年来的民航调查员体系建设

2020年1月3日,由于民航局下发的《民用航空器事件调查规定》(CCAR-395-R2)第三章"调查员的管理"明确规定,调查员需"按照民航局调查员培训大纲的要求参加初始培训和复训"。由此可见,民用航空器事件调查员的培训内容由能力提升类知识转变为资质获取类知识。

2020年8月10日,民航局航空事故调查中心主办了第一期民用航空器事件调查员初始培训班,这标志着我国民用航空器事件调查员的资质培训正式拉开序幕。同年,民航局对取得资质的调查员进行委任,首批委任范围包括民航局、地区管理局、监管局航安办及航科院、飞行学院直接从事调查工作的人员。首批委任调查员共计216人。

2020年9月21日,民航局在青海省祁连机场举办了首届全国民航航空器事件调查技能竞赛,来自全国的民航各地区管理局、民航局航空事故调查中心的8支队伍参赛。这次比赛也体现了我国着力打造一支素质高、能力强的专业化调查队伍的决心。

2022年6月1日,民航局下发了《民用航空器事件调查员培训管理办法》。其进一步明确了调查员培训类别、培训周期等规定,细化了培训大纲、培训内容和培训学时等内容,为通航事故调查员的培训课程建设打下了坚实基础。

2022年6月2日,民航局下发了《民用航空器事件技术调查规定》。其包含了"调查的组织""现场调查"等八章内容。该文件的发布为组织事件调查的部门提供了规范性的调查工作程序及调查关键要素,为组织和参与调查工作的人员提供了调查管理和专业技术指导。同日,民航局下发了《民用航空器事件调查员管理办法》,其更详细地规定了调查员的职责权限、申请及委任、调查员档案等内容,并且列明调查员个人成长档案(IDP表格)格式、要素以及维护程序,规范调查员个人成长档案记录工作。

2022年12月1日,为了顺应民航安全运行形势发展,进一步提升航空器事件调查国际化水平,《民用航空器事件调查规定》(CCAR-395-R2)进行了修订并正式更名为《民用航空器事件技术调查规定》(CCAR-395-R3),后者适用于民航局、地区管理局负责组织的,在我国境内发生的民用航空器事件的技术调查,包括委托事发民航生产经营单位开展的调查。本次修订再次明确了按照本规定开展的事件调查目的是防止类似事件再次发生,不是为了分担责任,且应当与以追究责任为目的的其他调查分开进行。这进一步明确了技术调查的独立性,但并不意味着对民用航空器事件不追究责任,而是不在本文件中规定,依照其他法规执行。

二、通航事故调查员培训

航空器事故调查是一项艰巨的任务,其几乎没有范围限制。民航局下发的《民用航空器事件技术调查规定》明确规定,调查员需要"在航空安全管理、飞行运行、适航维修、空中交通管理、机场管理、航空医学或者飞行记录器译码等专业领域具有3年及以上工作经历,具备较高专业素质"。这表明民用航空器事故调查工作的特殊性和困难性。调查员参加的调查越多,其经验就越丰富。但是随着经验的积累,调查员很快会意识到,自己需要不断增长知识和提高技能。因此,持续的调查员培训对调查员的成长至关重要。

国际民航组织的298号文件《航空器事故调查员培训指南》(*Training Guidelines for Aircraft Accident Investigators*)讨论了担任航空器事故调查员所具备的经验和工作背景。它也列出了一个有资格担任各种调查角色的人应该进行的循序渐进的培训,其中包括被任命为涉及大型运输类航空器重大事故调查的主任调查员。调查员的培训是一个长期的自我提升过程,培训一名专业从事民用航空器事故调查工作的人员,涉及调查员能力形成的几个阶段,这些阶段包括初始调查培训阶段、基本事故调查培训阶段和由专业课程补充的高级事故调查培训阶段。

(1)初始调查培训主要是指调查员入职后应首先完成调查基础培训。这部分内容主要包括与调查相关的法律、法规、规章、标准、程序、知识、技能和方法。通过培训,调查员能够全面了解调查所需要的知识与技能,熟练掌握其中的重要内容,基本满足调查工作的需要。

(2)基本事故调查培训是指事故调查员完成基础培训后,还应完成的在职培训。在职培训内容主要包括典型案例学习、见习调查等。调查员通过实践,能够熟练掌握在基础培训中所学到的知识与技能,胜任日后的调查工作。

(3)高级事故调查培训是指完成基础培训后,根据需要对调查员进行的专项培训。高级事故调查培训的目的是强化、扩展调查员在特定领域的知识与技能。因为培训内容涉及范围广泛,所以可以聘请相关领域的专家对调查员进行培训。

>>> >>> 模块二

通用航空运行通识

章 节 导 读

作为"十四五"时期民航"一二三三四"总体工作思路中"推动两翼齐飞"的重要一翼,通用航空根据其机动灵活的特点,在国家经济建设、国防建设、民生建设和科学研究中发挥着重要的推动作用。据统计,2019年,我国通用航空飞行作业总量达到112.5万小时,同比增长13.8%。"十三五"时期,我国通用航空作业总量逐步放大,增量平稳。由此可以看出,未来几年,我国通用航空事业必然实现新一轮的蓬勃发展。

党的二十大报告明确了推进国家安全体系和能力现代化的总体要求,其对于正处于"十四五"关键节点的通用航空而言具有非常重要的指导意义。通用航空运行不同于运输航空运行,其行业固有的机型种类繁多、运行管理粗放、作业环境复杂等特点,对航空安全管理工作提出了更高要求。本部分,我们对通用航空的简介、通用航空的飞行运行、适航维修管理、空中交通服务、通用航空飞行数据方面进行介绍,旨在帮助调查员全面了解通用航空运行实际,指导通用航空事故调查工作。

学习目标

知识目标:

1.认识通用航空行业覆盖范围。

2.了解通用航空运行中飞行特点。

3.了解通用航空运行中适航维修特点。

4.了解通用航空运行中空管服务特点。

能力目标:

1.正确识别通用航空运行分类。

2.掌握通用航空运行中飞行、机务、空管的业务流程。

素质目标:

1.培养提升调查员对待工作的严谨性。

2.教育调查员要善于反思。

第一节 通用航空简介

一、通用航空的定义

根据国务院、中央军事委员会下发的《通用航空飞行管制条例》,通用航空是指除军事、警务、海关缉私飞行和公共航空运输飞行以外的航空活动,包括从事工业、农业、林业、渔业、矿业、建筑业的作业飞行和医疗卫生、抢险救灾、气象探测、海洋监测、科学实验、遥感测绘、教育训练、文化体育、旅游观光等方面的飞行活动(图2.1)。

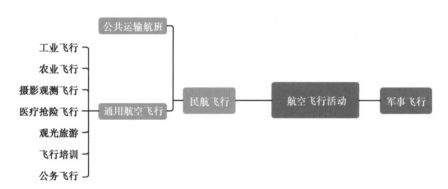

图2.1 通用航空飞行活动

二、通用航空作业的特点

1.通用航空是民用航空的重要组成部分

具备民用航空的特点,即高速性、安全性、公共性、舒适性、国际性等。但其最显著的特点是通用性,它适用于各个领域、各个方面。对工农业生产来说,它可以直接参与工农业的生产;对交通运输来说,它小巧灵活,基本不受自然地形的影响;对民生行业来说,它便利性大、机动性强,能够及时快捷地处理突发问题。

2.通用航空一般还具有几方面特征

(1)地形环境的影响。通用航空既可以使用公共运输航空飞行器使用的各类大、中、小型机场用于起飞降落,更可以使用野外临时起降区域进行作业,具备点多、线长、面广、分散性强以及机动性大的优点。同时,其受气候和地形条件的制约,不确定性因素较多,同时增加了人员作业的难度和安全保障的风险。

(2)作业高度的影响。相较于公共运输的高空平稳气流的运行环境,通用航空的作业通常具备低空或者超低空不稳定气流的运行特点。在增加便利性和机动性的同时,也对作业人员的技能提出更高的要求。

(3)作业设备的影响,对于公共运输航空而言,其所使用的航空器往往是中、大型固定翼多发涡轮发动机的航空器。而对于通用航空作业的航空器来说,其形式多种多样,但由于作业性质的要求,其往往使用小型单发活塞式发动机固定翼航空器或者旋翼机,再加上各种专业飞行过程中使用的不同仪器和设备,航空人员需要对所使用的设备进行深入了解,这样才能最大限度地保障通用航空作业的安全实施。

(4)经济政策的影响,通用航空的作业受到当地经济的制约,同时受到国家政策和相关措施的影响。公共航班运输具有固定性、稳定性、高速性特点,通用航空运行不同于公共运输,它具备临时性、不确定性、灵活性的特点,直接参与各项生活生产活动。通用航空作业的要求取决于各行各业的生产需求和社会发展的需求程度。

三、通用航空航空器的介绍

(一)航空器的定义

航空器是指能在大气层内飞行的飞行器,它能依靠空气的反作用力而不是空气对地面的反作用力在大气中获得支撑的器械。航空器是所有大气层内活动的各类飞行器,我们平时所熟悉的固定翼飞机和直升机只是航空器的一种。

(二)航空器的分类

任何航空器都必须产生一个大于自身重力的向上的力才能升入空中。因此,航空器根据其升力的获得方式可以分成两类,一类是轻于空气的航空器,另一类是重于空气的航空器(图2.2)。

轻于空气的航空器主体是一个气囊,其中充入密度较空气小得多的气体(氢气或氮气),利用大气的浮力使航空器升空,气球和飞艇都是轻于空气的航空器,二者的主要区别是前者没有动力装置,升空后只能随风飘动,或者被系留在固定位置上无法控制方向,后者装有发动机、安定面和操纵面,可以控制飞行方向和路线。

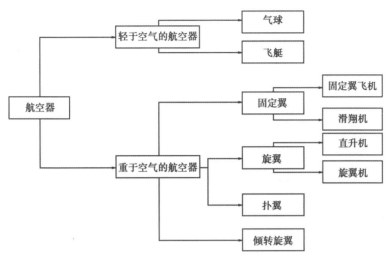

图2.2 航空器的分类

重于空气的航空器通过动力驱动产生升力,使航空器在大气层中运行。其中最具代表性的是固定翼航空器和旋翼航空器。固定翼航空器主要由固定的机翼产生升力。它的特点是装有提供拉力或推力的动力装置、产生升力的固定机翼、控制飞行姿态的操纵面。旋翼航空器主要由旋转的旋翼产生升力。常见的旋翼航空器有直升机和旋翼机。直升机的旋翼是由发动机驱动的,垂直和水平运动所需的拉力都由旋翼产生。旋翼机的旋翼没有动力驱动,当它在动力装置提供的拉力作用下前进时,迎面气流吹动旋翼像风车似地旋转,从而产生升力。

(三)通用航空部分航空器展示(图2.3—图2.8)

本节展示了部分通用航空运行中常见的航空器,包括固定翼飞机、直升机、旋翼机、水上飞机、气球和飞艇。

图2.3 固定翼飞机

图2.4　直升机

图2.5　旋翼机

图2.6　气球

图2.7 飞艇

图2.8 水上飞机

四、通用航空作业介绍

通用航空作业分为农业通用航空作业、工业通用航空作业和其他综合性通用航空作业。在通用航空生产运行过程中,航空器会根据作业的任务需求,加装不同的设施设备以完成特定的作业任务。

(一)农业通用航空作业

农业通用航空作业是指使用通用航空器从事农林牧渔业生产的航空作业,其包括以下内容。

(1)航空喷洒。使用通用航空器及专用喷洒设备,从空中向地面目标区域喷洒液态或固态物料的航空作业。

(2)航空播种。使用通用航空器及专用播撒设备,从空中向地面目标区域喷洒植物种子的航空作业。

(3)森林巡护预警。森林航空消防飞行观察员乘坐通用航空器在林区上空巡查并对其进行观察、判断、记录、报告的过程。

(4)人工降水。当云中降水条件不足时,使用通用航空器向云层中喷撒催化剂以促进降水的航空作业。

(5)气象探测。使用通用航空器及专用设备对大气物理、大气化学和气象现象进行探察、测量的航空作业。

(6)渔业飞行。使用通用航空器及专用设备对渔业资源及使用情况进行空中巡逻、监测的航空作业。

(二)工业通用航空作业

工业通用航空作业是指使用通用航空器从事工业生产的航空作业。

(1)航空物探。使用通用航空器及专用设备从空中测量地球各种物理场(磁场、电磁场、重力场、放射性场等)的变化,以了解地下地质情况和矿藏分布状况的航空作业。

(2)空中巡查。使用通用航空器及专用设备按预先设定的区域从空中对被监测目标进行巡查的航空作业。

(3)海洋监测。使用通用航空器及专用设备对领海和专属经济区内海洋资源使用情况进行空中巡逻、监测和执法等航空作业。

(4)直升机机外载荷飞行。以直升机为起吊平台进行的吊装、吊运等航空作业。

(5)航空摄影。使用通用航空器及专用设备,以测绘为目的,从空中对地表景物进行拍摄的航空作业。

(6)航空石油勘探服务。使用通用航空器为石油勘探和开采提供服务的航空作业,分为陆上石油服务和海上石油服务。

(三)其他综合性通用航空作业

(1)公务飞行。使用通用航空器按单一用户确定的时间、始发地和目的地,为其公务活动提供的飞行服务。

(2)直升机引航作业。使用直升机在外籍轮船和港口之间运送引航员的飞行服务。

(3)航空应急救援。使用通用航空器及专用设备实施应急救援的航空作业。

（4）航空医疗救护。使用通用航空器及专用医疗救护设备并配备专业医护人员，对患者进行紧急施救的飞行服务。

（5）空中游览。使用通用航空器搭载游客在特定地域上空进行观光游览的飞行服务。

（6）空中广告。使用通用航空器进行广告宣传的飞行服务。

（7）航空科学实验。使用通用航空器进行空中科学实验的航空作业。

（8）航空表演飞行。使用通用航空器展示飞机性能和飞行技艺，以普及航空知识和满足观众观赏为目的而进行的飞行活动。

（9）飞行驾驶执照培训。使用通用航空器，以掌握飞行驾驶技术、获得飞行驾驶执照为目的而进行的飞行活动。

第二节　通航飞行运行

一、概述

本节主要以具体的运行作业为模板，分为地面安全运行、空中安全运行以及部分飞行人员实操内容，讲述部分通用航空作业人员和航空器的安全运行原则。为了避免不必要的设备损伤和人员伤害，所有人员必须遵循所在运行单位实际公布的程序和路线运行。操作信息详见飞行员操作手册或飞机飞行手册。本节内容是根据通用航空飞行运行实际编写的，旨在帮助通用航空调查员更加详细地了解通用航空飞行运行程序以及操作章程。

二、停机坪安全

（1）在航空器附近使用便携式电子设备，尤其是移动电话，可能会引起严重后果，严格禁止在航空器6米范围内使用便携式电子设备。

（2）任何不遵守停机坪行走路线的行为都可能造成严重后果。

（3）在规定的或可能的滑行路线上禁止摆放任何障碍物，飞行人员应对停机坪区域的任何异物保持警觉。

（4）除了机翼上的标识要求禁止站在或坐在机翼上，同时要禁止吊在机翼上。

（5）任何人不得在没有机组成员或机务人员监控的情况下私自进入航空器驾驶舱。

（6）飞行人员应严格遵照机务人员标准手势和引导信号。

（7）进入航空器运行区域，需正确穿戴反光背心，进入飞机座舱后应脱下反光背心并放在合适位置，防止飞行中误碰操纵杆或开关。

三、螺旋桨(旋翼/尾桨/涡扇发动机)安全(图2.9)

（1）禁止靠近准备起动或已经起动的发动机螺旋桨(旋翼/尾桨/涡扇发动机)区域。

（2）机组成员或乘员接近或离开正在运行的飞机时，必须对螺旋桨(旋翼/尾桨/涡扇发动机)的危害保持足够的警觉，遵守行走路线慢速行进：

①对于螺旋桨前置飞机，必须沿飞机纵轴从飞机后方接近或离开，任何时候都不允许从机翼前部跳下飞机；

②对于直升机，应垂直于机身纵轴、在机组视线范围内(前侧方)接近或离开，必要时应俯身、低头；

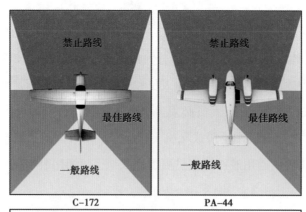

图2.9　螺旋桨(旋翼/尾桨/涡扇发动机)安全

③接近或离开时应确保随身物品固定,避免吹落、吸入发动机造成损伤。

(3)航空器滑回关车时,飞行机组应确保关闭磁电机开关并拔出磁电机钥匙(如适用),方可打开舱门。

四、驾驶舱纪律和飞行操纵交接

(1)执行驾驶舱纪律时,交谈内容必须同飞行任务相关。

(2)根据机长要求,驾驶舱纪律可以在任何时候执行。

(3)通常驾驶舱纪律在3000英尺以下执行。

(4)机组之间交接操纵,根据交接操纵三步法执行。

五、检查单的使用和中断

(1)检查单根据飞行员操纵手册或飞机飞行手册制定,必须严格执行。

(2)检查单应放置在飞行人员取用方便的位置,除熟记项目外,严禁背诵检查单。

(3)执行检查单任务过程中,任何原因致使其中断,原则上应重新开始执行检查单任务,若机组成员清楚知晓中断位置,即可从中断处继续执行检查单任务。

(4)使用检查单时,当回答的内容与检查单不一致时,必须暂停读检查单,直到该项回答正确后再续读检查单项目。

(5)检查单完成后应喊话"××检查单完成"。

六、驾驶舱管理

(1)应正确调整座椅或脚蹬位置,以获取良好的视线并保证可以实施全量操纵。

(2)应在飞行前确认座椅已固定,起飞、着陆阶段的座椅滑动有可能导致不安全事件。

(3)应合理管理所有驾驶舱内物品,检查单、航图和其他物品必须妥善保管:

①不影响飞行操纵;

②方便拿取;

③颠簸时不会掉出;

④不要将耳机等硬物放置于仪表板上方,避免损伤风挡、影响对外观察。

七、飞行前工作

飞行前工作包括制定飞行计划、制定燃油计划、讲评和外部检查。

(1)航空器只能由机务人员或机长负责牵引推入和推出机库,推飞机时禁止推动操纵面。

(2)严格遵守航空器外部检查行走路线,确认在安全的状态下检查螺旋桨及桨帽,热发情况下禁止扳动螺旋桨。

(3)飞行人员必须根据飞行计划检查燃油量是否满足手册法规要求,并确认重量平衡数据。

(4)执行放油检查程序时,禁止飞机通电、擦风挡、接打无线电话等易产生静电的行为。

(5)夜航飞行前检查必须使用经批准的手电筒。

(6)当航空器无人看管时飞行员应该设置轮挡、舵面锁和套上空速管套。

八、飞机飞行的相关燃油政策

(一)目视飞行规则条件下飞行的燃油要求

(1)飞机开始飞行前,驾驶员目视飞行规则,必须考虑风和预报的气象条件,在飞机上装载足够的燃油,这些燃油能够保证飞机飞到第一个预定着陆点着陆,并且此后按正常的巡航速度能够至少飞行45分钟(昼间)或者60分钟(夜间)。

(2)直升机开始飞行前,直升机驾驶员目视飞行规则,必须考虑风和预报的气象条件,在直升机装载足够的燃油,这些燃油能够保证直升机飞到第一个预定着陆点着陆,并且此后按正常巡航速度还能够至少飞行30分钟。

(二)仪表飞行规则条件下飞行的燃油要求

航空器在开始飞行前,航空器驾驶员在目视仪表飞行规则下,必须充分考虑风和预报的气象条件,在航空器上装载足够的燃油,这些燃油能够:

(1)飞到目的地机场着陆。

(2)然后从目的地机场飞到备降机场着陆。

（3）在完成上述飞行之后，飞机还能以正常巡航速度飞行45分钟；对于直升机而言，备降起降点上空450米（1500英尺）高度以正常巡航速度飞行30分钟，并且加上附加燃油量，以便在发生意外情况时足以应对油耗的增加。

（4）直升机在计算本条中所需的燃油和滑油量时，至少要考虑下列因素：

①预报的气象条件；

②预期的空中交通管制航路和交通延误；

③仪表飞行时，在目的地起降点进行一次仪表进近，包括一次复飞；

④释压程序（如适用），或者在航路上一台动力装置失效时的程序；

⑤可能延误直升机着陆或者增加燃油、滑油消耗的任何其他情况。

九、开车（启动发动机）

（1）禁止用手扳动活塞发动机。

（2）开车前飞行人员必须对外仔细观察，证实航空器周围没有障碍物和人员影响，并喊出"离开螺旋桨"。

（3）严格执行发动机起动循环程序，避免起动机过热损坏。

（4）一旦发动机起动，应及时检查滑油压力指示，如有异常应立即关车。

（5）飞行员必须完成检查单项目。必须全面复习程序的各个细节，掌握全部开车过程中的紧急程序。开车前必须明确紧急逃生和失火处置方案，机长应对紧急逃生进行详细讲解。

十、地面滑行

（1）地面滑行速度不能超过每小时50千米，在停机坪滑行速度不能超过每小时15千米，两机纵向距离不小于50米。

（2）滑行前必须得到塔台（或地面）许可并保持联系，注意监听和观察有关的飞行和地面活动。

（3）必须遵守滑行路线和引导信号，禁止超越其他航空器滑行，如对滑行安全间距有疑问，飞行人员应停机确认，必要时寻求引导和帮助。

（4）当滑出时，机组成员应柔和使用刹车踏板和方向舵转弯机构检查刹车和转弯情况。

(5)除非有地面引导信号,滑行中的航空器翼尖与障碍物距离不能小于5米。

(6)滑行需穿越滑行道、跑道时须得到塔台管制员的许可,并注意观察滑行和起飞、着陆的航空器。

(7)在夜航滑行或能见度小于或等于1.6千米时,应遵循以下要求:

①飞行人员在滑行过程中应严密监视飞机移动方向,避免分心,系统测试、检查、记录和计算等工作应在飞机停机状态下完成;

②必须确保滑行灯和航行灯保持打开,必要时间断地使用着陆灯。

十一、起飞前检查和试车

(1)试车是起飞前检查的重要组成部分,试车应在指定区域进行。

(2)航空器尽量迎风试车,以获得更准确的参数和防止发动机超温。

(3)试车时设置停留刹车,双脚不得离开刹车踏板。

(4)禁止埋头座舱,防止飞机意外滑动。

(5)起飞前应完成通信导航仪表设备的设置和检查。

十二、航空器进入和脱离跑道

(1)航空器进入正在使用的跑道必须得到明确的管制许可,飞行人员应该保持警觉。

(2)飞行人员在确认航空器对准跑道中心线后,方可请示和实施起飞。

(3)航空器禁止带余速脱离跑道。

(4)航空器要延迟脱离跑道,必须报告塔台。

十三、飞行完成后的航空器系留

(1)机务人员引导时必须遵循标准指挥手势。

(2)飞行人员必须清理驾驶舱内的垃圾。当航空器无人看管时飞行人员应设置轮挡、飞行操纵锁(如适用)和锁住舱门。

(3)天气突变、露天停放、外场过夜等特殊情况下飞行员应注意系留飞机和停机安全,以下为一般系留程序:

①牵引飞机必须使用牵引杆；

②暂时不使用牵引杆时，不能把牵引杆靠在机身或放在飞机表面，应放在前起落架左侧；

③系留航空器后，确保停留刹车已松、门窗锁好。

十四、航空器起飞

(1)航空器起飞前，机组必须完成关闭好舱门等起飞前的准备工作。

(2)必须在获得起飞许可后方可起飞，尽量用全跑道起飞。

(3)起飞加油门前，防止带刹车滑跑。

(4)离陆后，应注意保持起飞功率和离地姿态，防止二次接地。

十五、正常起落航线

(1)起落航线高度规定：

①昼间起落航线飞机的飞行高度通常为300～500米，直升机通常为200米，低空小航线不得低于150米；

②起飞后，开始一转弯和四转弯的高度不得低于100米，低空小航线不得低于50米；

③夜间起落航线开始一转弯和四转弯改出的高度不得低于150米。

(2)航空器加入起落航线，应当经塔台管制员的许可，并按照规定的高度顺沿航线加入。

(3)除管制同意外，禁止超越同型航空器。

十六、空域机动飞行

(1)一个飞行空域，在同一个时间内，原则上允许安排1～3架航空器飞行。

(2)空域飞行应严密监控活动范围，避免飞出空域边界和偏离指定高度。

(3)进行机动科目前，飞行人员应完成清障转弯，观察确认无其他有影响的航空器及地形、云体、障碍物的影响。

(4)飞行人员应做好与科目相关的理论和技术准备，做好安全预想和特情处置预案。

(5)实施机动飞行前，飞行人员应严格计算重量平衡，严格执行驾驶舱安全和操纵面检查要求。

(6)严格遵守机动飞行安全高度要求:

①飞行前,放油杯、牵引杆、轮挡、飞行箱等物品应撤离飞机;

②机载飞行手册、飞行资料夹等物品应固定;

③座椅、安全带应调节牢固。

十七、航线飞行

(1)机组必须根据燃油计划关注燃油消耗,及时发现不正常的燃油状态,立即处置并向空管部门报告。

(2)非机载设备(如手持GPS)只能作为导航辅助设备,其提供的导航信息仅作为参考,机组行动的决策依据必须来源于机载导航设备。

(3)应特别注意对通信频率的守听和监听,以及导航设备、信息的检查和确认。

十八、进近和着陆

(1)为减少可能的进近失误,正常情况下,飞行人员应在下降前完成进近简令,如进近程序发生变化,应做补充简令。

(2)航空器必须在获得着陆许可后方可着陆,目视飞行时飞行人员在真高100米前应完成着陆检查单。

(3)按照CCAR-91部175条规定,飞行人员至少能清楚地看到和辨认下列目视参考之一,方可驾驶航空器继续进近到低于决断高度/高(DA/DH)或特定决断高度(DDA)/最低下降高度/高(MDA/MDH):

①如果驾驶员使用进近灯光系统作为参照,必须能同时清楚地看到红色终端横排灯或红色侧排灯,否则不得下降到接地区标高之上30米(100ft)以下;

②跑道入口/入口标志/入口灯;

③跑道端识别灯;

④目视进近下滑坡度指示器;

⑤接地区/接地区标志/接地区灯;

⑥跑道或跑道标志;

⑦跑道灯。

(4)当出现下列任何一种情况时,航空器驾驶员必须马上执行中断进近/复飞程序:

①航空器到达决断高度(DA),特定决断高度(DDA)或复飞点不能获得要求的目视参考;

②在决断高度(DA)或特定决断高度(DDA)以下失去目视参考;

③航空器在特定决断高度(DDA)或以上进行盘旋机动飞行时,不能清晰辨认该机场特征部分的参照物;

④进近中遇到低空风切变时;

⑤仪表进近中由于导航设备、飞行仪表失效或左右仪表指示相差较大,不能确定飞机确切位置时;

⑥30米(100ft)以下跑道上仍有障碍物,ATC或其他机组报告所用跑道刹车性能无效时;

⑦出现任何不能保证可靠的安全性因素时(包括缺乏信心等心理因素或生理因素)。

十九、航空器在雷雨天气下飞行

(1)航空器禁止飞入已知积雨云和浓积云。

(2)飞行中遇到雷雨时,飞行人员必须判明雷雨的强度、分布情况、移动方向和云底、云顶的高度,决定绕飞或返航,并立即报告管制员。

(3)绕飞雷雨时,必须考虑有转弯和退出的余地,并且应当遵守下列规定。

①只准装有雷达的航空器或根据气象雷达探测的资料能够确切判明雷雨位置,方可在云中绕飞,但距离积雨云(浓积云)不得少于20千米;

②只准机舱有增压或氧气设备和具有足够升限的航空器,从云上绕飞;

③原则上应从上风方向进行云外绕飞,航空器距离积雨云(浓积云)昼间不得少于5千米,夜间不得少于10千米;两个云体之间不少于20千米时方可从中间通过;

④只准在安全高度以上、昼间云下目视绕飞雷雨,但航空器与云底的垂直距离不得小于400米;

⑤在零度等温线附近进行绕飞应注意结冰影响。

(4)当航空器误入雷雨区时,飞行人员采取下列措施:

①集中精力进行仪表飞行,切忌惊慌失措;

②根据航空地平仪和有关仪表注意保持平飞姿态,柔和地操纵航空器,尽量减少对升降舵的操纵;

③注意参考机动速度,选择适当的飞行速度;

④尽快判断是否穿越或返航,返航时应特别注意不得采用大坡度转弯;

⑤随时注意航空器位置、安全高度,并且与地面保持通信联络;

⑥注意发动机的工作情况,及时使用防冰设备。

二十、航空器在颠簸区域内飞行

(一)颠簸的等级划分

(1)轻度颠簸:瞬间引起轻微而不稳定的高度/姿态变化,乘员有安全带稍微被拉紧的感觉。

(2)中度颠簸:出现高度/姿态变化,但飞机仍能完全控制,通常可引起指示空速的变化。乘员明显感到安全带有拉紧的感觉。

(3)严重颠簸:引起大的、突然的高度/姿态变化,指示空速变化较大,飞机可能瞬间失去控制。乘员安全带有被猛烈拉紧感觉。

(4)极度颠簸:飞机剧烈晃动,机体结构可能受到损坏。

(二)避开和遭遇颠簸的处置原则

(1)飞行前飞行人员应特别注意预报的颠簸区域,包括与云有关的颠簸区域。

(2)飞行中,飞行机组应避开中度以上颠簸区域,可采用改变航线或飞行高度的方法,但必须得到管制的批准。

(3)当进入中度以上颠簸区域时,机组应向管制报告。报告内容应包括飞行高度、位置、强度以及是否在云中。

(4)进入中度以上颠簸区域,飞行人员应严格控制好速度,在机动速度以下,避免坡度超过20度的转弯。

二十一、直升机起飞和着陆

(1)不得妨碍其他航空器的起飞着陆。

(2)与其他航空器、障碍物水平距离不小于10米。

(3)不准顺风作垂直起飞着陆。

(4)在机场上空飞越障碍物的高度,不得小于10米;飞越地面航空器的高度不得低于25米。

(5)起飞着陆场没有可被旋翼气流卷起的漂浮物。

二十二、无线电通信要求

(1)加强飞行前的准备工作,了解航线通信特点和特殊要求,明确交接点信息,避免错误设置航线通信频率。

(2)执行机组换人程序应防止衣物拖拽耳机插线,导致插头松脱。

(3)避免飞行中错、漏、忘调通信频率,严格落实频率转换、音量设置的交叉检查、证实程序。

(4)飞行机组应将驾驶舱扬声器调整到合适音量,保证机组人员能听清管制指令,又不能干扰机组交流。

(5)飞行机组在联系管制部门时,应使用四字代码或航班号,通话过程中严格复诵要求。

(6)飞行关键阶段或高度低于3000米,机组(含监控)必须佩戴耳机。

(7)遇航路拥堵、机场空域航空器活动密集、地面活动繁忙或无线电通话挤占、干扰情况,对不明确的通话,应坚持询问或证实。

(8)长时间无线电静默时,飞行机组要主动检查电气负载和通信设备,防止因断电、发射按钮卡阻和设备故障造成的无线电通信失效。

(9)当乘员干扰正常无线电通信时,机组成员应及时提醒、制止。

第三节　适航维修管理

一、概述

适航性是指适航器适合在空中飞行的性质或性能,其目的在于保证飞行安全,只有适航性达标,才允许飞行,否则禁止飞行。本节主要梳理通用航空适航维修运行脉络,从民用航空器的适航管理、日常维护工作、维修部门和适航维修人员资质方面逐一进行介绍,旨在帮助通用航空调查员了解适航维修工作的运行实际,掌握适航维修方面的调查内容。

二、飞机三证

飞机三证分别是指飞机的民用航空器国籍登记证(图2.10)、民用航空器适航证(图2.11)和民用航空器电台执照(图2.12)。

(一)民用航空器国籍登记证

民用航空器国籍登记证是国籍登记的凭证。

1.航空器国籍的登记范围

中国民航局颁发的《民用航空器国籍登记规定》(CCAR-45-R3)第五条规定,下列民用航空器应当依照本规定进行国籍登记:

①中华人民共和国国家机构的民用航空器;

②依照中华人民共和国法律设立的企业法人的民用航空器;

③在中华人民共和国境内有住所或者主要营业所的中国公民的民用航空器;

④依照中华人民共和国法律设立的事业法人的民用航空器;

图2.10　民用航空器国籍登记证

⑤中国民航局准予登记的其他民用航空器。

自境外租赁的民用航空器,承租人符合前款规定,该民用航空器的机组人员由承租人配备的,可以申请登记中华人民共和国国籍;但是,必须先予注销该民用航空器原国籍登记。

2.民用航空器国籍登记证的申请

申请人须按照中国民航局的规定提交民用航空器国籍登记证申请书,及有关文件、资料。

3.民用航空器国籍登记证的格式

民用航空器国籍登记证的格式主要包括:标题,即中华人民共和国民用航空器国籍登记证;国籍和登记标志;航空器型号及制造者;出厂序号;航空器所有人名称、地址;航空器使用人名称、地址;签发人签署;颁发日期。此证的背面为附注。

4.民用航空器国籍登记证的有效期

除非该航空器注销登记,否则民用航空器国籍登记证长期有效。

5.民用航空器国籍登记证的转让性

民用航空器国籍登记证不得涂改、伪造或转让。

(二)民用航空器适航证

民用航空器适航证是由中国民航局根据民用航空器产品和零件合格审定的规定,

中国民用航空局
Civil Aviation Administration of China

民用航空器标准适航证   编号/No.：AC11368

STANDARD AIRWORTHINESS CERTIFICATE

1．国籍和登记标志 Nationality and Registration Marks B	2．航空器制造人和型号 Manufacturer and Manufacturer's Designation of Aircraft 中电科芜湖钻石飞机制造有限公司/DA 42 NG	3．航空器出厂序号 Aircraft Serial No. 42.NW038

4.类别 Categories：正常类飞机

5.本适航证根据1944年12月7日《国际民用航空公约》和《中华人民共和国民用航空法》及根据该法发布的有关规定颁发。本航空器在按照各项规定进行维修和各项运行限制时是适航的。This Certificate of Airworthiness is issued pursuant to the Convention on International Civil Aviation dated 7 December 1944,and to the Civil Aviation Law of the People's Republic of China and regulations issued thereunder,inrespect of the above-mentioned aircraft which is considered to be airworthy when maintained and operated in accordance with the foregoing and the pertinent operating limitations.

局长授权 For the Minister： 签发人： Signature 部门/职务： Dept./Title华东地区管理局局长	签发日期 Date of Issuance：

6.在中国注册登记期间,除非被暂扣、吊销或局方另行规定终止日期外,航空器在按照各项规定进行维修并按照各项运行限制运行时,本适航证长期有效。Unless suspended, revoked or a terminatio date is otherwise established by the authority,this airworthiness certificate is effective as long as the maintenance is performed in accordance with the appropriate Civil Aviation Regulations of China and the aircraft is operated according to the prescribed limitations when the aircraft is registered in the People's Republic of China.

备　注：
Remarks

AAC-023(04/2008)　　　　　　　　　　　　　　　　　　第1页共2页

图2.11　民用航空器标准适航证

对民用航空器颁发的,证明该航空器处于安全可用状态的证件。适航证分为标准适航证和特殊适航证。只拥有临时国籍证的航空器不能申请适航证,但可以申请特许飞行证。

1. 申请适航证的一般要求

(1)申请适航证的民用航空器必须首先按照《民用航空器国籍登记规定》(CCAR-45-R3)的要求获得中华人民共和国国籍登记。

(2)适航证申请人应是该航空器的所有人或占有人。

2. 适航证的定义

(1)标准适航证。对按照《民用航空产品和零部件合格审定规定》(CCAR-21-R4)取得型号合格证或者型号认可证的航空器颁发标准适航证。

(2)特殊适航证。对下列航空器颁发特殊适航证:按照《民用航空产品和零部件合格审定规定》(CCAR-21-R4)取得型号设计批准书的航空器;民航局同意的其他航空器。

(3)外国适航证认可书。对在外国登记注册,持有外国适航当局颁发的现行有效适航证,且型号设计已经民航局认可,并由中国占有人或使用人运行的航空器颁发外国航空器适航证认可书。

3. 证件展示

航空器运行时,其适航证、外国航空器适航证认可书或特许飞行证原件应置于航空器内明显处。

4. 特殊适航证的转让性和有效期

特殊适航证可以随航空器一起转让,在中国注册登记期间,除非被暂停、吊销,或局方另行规定终止日期,航空器在按照各项规定进行维修并按照各项运行限制运行时,其适航证长期有效。

(三)航空器电台执照是合法设置、使用无线电台站的凭证。

1. 申请条件

(1)申请办理电台执照的航空器已取得国籍证和适航证(或特许飞行证)。

(2)申请办理电台执照的航空器载无线电台,其使用的频率须符合《中华人民共和国无线电频率划分规定》。

(3)法律、法规规定的其他条件。

2. 数量限制

无数量限制。

3.结果送达

(1)民用航空器电台执照到期换发、变更民用航空器电台执照航空器运营人信息的由民航局无线电管理委员会办公室现场发证。

(2)申请办理境外交付航空器、境内交付航空器、境内生产或组装试飞航空器电台执照的,由民航无线电管理检查员现场发证。

图2.12　民用航空器电台执照

三、维修能力说明

(一)维修许可证和许可维修项目

维修许可证由《维修许可证》页(图2.13)和《许可维修项目》页(图2.14)构成。维修许可证是指承担民用航空器维修工作的单位和个人的资格凭证。维修许可证不得转让、转借、出租或者涂改。维修许可证应当明显展示在维修单位的主要办公地点。维修许可证自颁发之日起3年内有效。

《维修许可证》页应当载明单位名称、地址及维修项目类别,《许可维修项目》页标明具体维修项目及维修工作类别。

中国民用航空局
CIVIL AVIATION ADMINISTRATION OF CHINA (CAAC)

维修许可证
MAINTENANCE ORGANIZATION CERTIFICATE

编号 No. **D. 4405**

单位名称/NAME OF ORGANIZATION

中国民用航空飞行学院（绵阳分院）

单位地址/BUSINESS ADDRESS.

中国 四川 绵阳市机场西路 88 号　　邮编: 621000

经审查, 该单位符合中国民用规章第 145 部的要求, 可以从事如下类别的维修工作:
Upon finding that the organization complies with the requirements of CHINA CIVIL AVIATION REGULATION(CCAR) Part 145, the above organization is adequate to accomplish maintenance of the following ratings:

机体维修
部件维修
其他
－ ☆ －

本许可证除被放弃、暂停或吊销, 在下述期限内将一直有效。
This certificate, unless cancelled, suspended, or revoked, shall continue in effect until.

2023 年 12 月 23 日

局长授权/FOR THE ADMINISTRATOR OF CAAC
签字/SIGNATURE:

职务/POSITION

民航西南地区管理局 副局长/总工程师

图2.13　《维修许可证》页

中国民用航空局
CIVIL AVIATION ADMINISTRATION OF CHINA (CAAC)

许可维修项目
LIMITATION OF MAINTENANCE ITEMS

限定/LIMITATION:

对第 号许可证所列维修类别限定如下地点和项目
Location and items set forth on Maintenance Organization Certificate No. is/are limited to the following

地点: 绵阳南郊机场

下列航空器部件维修

ATA 章节	ATA 子章节	具体部件限制
ATA-32 起落架	32-10 主起落架	主起落架支柱 轮轴 轮轴
	32-29 前尾起落架	前 尾起落架支柱 轮轴

具体部件件号、维修工作类别 (检测、维理、制修 (按适用)) 详见本单位最新有效部件维修能力清单

其他

发动机更换　Cessna525、Cessna 172、DA42、PA-44-180、TB20、DA20 型飞机.
起落架更换　Cessna525、Cessna 172、DA42、PA-44-180、TB20、DA20 型飞机.
无损检测: 涡流检测、磁粉检测.
发动机孔探 F144-1.

· ☆ ·

局长授权/FOR THE ADMINISTRATOR OF CAAC
签字/SIGNATURE:

职务 POSITION

(a)

中国民用航空局
CIVIL AVIATION ADMINISTRATION OF CHINA (CAAC)

许可维修项目
LIMITATION OF MAINTENANCE ITEMS

限定/LIMITATION:

对第 号许可证所列维修类别限定如下地点和项目
Location and items set forth on Maintenance Organization Certificate No. is/are limited to the following:

以下地点为基地的航线维修:

绵阳南郊机场: Cessna525、Cessna 172、DA42、PA-44-180、TB20、DA20 型飞机航线维修.

（以上基地航线维修能力含可结合航线维修完成的修理、改装.）

地点: 绵阳南郊机场

下列航空器的定期检修:

Cessna525 系列: 限 15600FH/23400FC/24Y (含) 以下定期检修.
Cessna 172 系列: 限 12000FH/25Y (含) 以下定期检修.
DA42 系列: 限 3000FH/12Y (含) 以下定期检修.
PA-44 系列: 限 1466XFH (不含)/3000FC/20Y (含) 以下定期检修.
TB20 系列: 限 2000FH (不含) 以下定期检修.
DA20 系列: 限 6000FH/12Y (含) 以下定期检修.

（以上定期检修能力含可结合完成的修理、改装）

· 待续 ·

局长授权/FOR THE ADMINISTRATOR OF CAAC
签字 SIGNATURE:

职务 POSITION

(b)

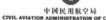

图2.14　《许可维修项目》页

(二)维修能力清单

维修能力清单所列项目为民航局颁发的维修许可证批准的项目范围,适航维修单位应保证具备维修能力清单所列项目的厂房设施、工具设备、器材、适航性资料和人员,建立了符合《民用航空器维修单位合格审定规则》(CCAR-145 部)的工作程序,并持续符合《民用航空器维修单位合格审定规则》(CCAR-145 部)的要求。维修能力清单的任何更改、修订均将呈报局方批准(图2.15)。

(a)

(b)

图2.15　维修能力清单

(三)航空器维修人员执照(图2.16)

航空器维修人员执照按照航空器类别分为飞机和旋翼机两类,并标明适用安装的发动机类别。除法律、法规、规章另有规定外,航空器维修人员执照持续有效,执照类别为TA(涡轮式飞机)、PA(活塞式飞机)、TR(涡轮式旋翼机)、PR(活塞式旋翼机)。

中国民用航空局
Civil Aviation Administration of China

航空器维修人员执照
Aircraft Maintenance Personnel License

编号/ No.:	CAACML20129699
类别/Category:	PA\TR\PR
姓名/Name:	
国籍/Nationality:	中国/China
性别/Gender:	男/Male
英语等级/English Level:	2
发照日期/ Issue Date:	2012-04-20/APR 20,2012
有效期/ Validation:	长期有效/Long term
发证机关/ Issued by:	飞行标准司/Flight Standards Department
签发人/Signed by:	
标注/Mark:	无/None

颁发记录 / Issue Record

颁发日期 Date of Issue	类别 Category	签发人 Signed by
2012-04-20	PA	
2012-12-17	TR	
2012-12-17	PR	

机型签署/ Aircraft Type Endorsement

机型 Aircraft Type	签署日期 Issue Date	有效期 Expiry Date	签署机关 Issued by	标注 Mark

注: 此文件仅用于打印执照信息之用, 以持照人移动客户端的信息为准。
Note: This document is only used for printing license information, which is subject to

图2.16 航空器维修人员执照

取得航空器维修人员执照后,可以维修放行除复杂航空器之外的其他航空器。航空器维修人员执照上加注复杂航空器的机型签署后,航空器维修人员执照持有人方可维修放行对应型号的复杂航空器。

为确保机型签署人员具备足够的熟练度和技术水准,要求机型签署自签发之日起2年有效,但连续24个月内从事所签署机型的维修或者维修放行工作时间少于6个月,机型签署失效,以此促进持照人员持续保持较好的维修技能水平。为了便利维修人员的职业生涯规划,机型签署失效后,可通过参加机型知识恢复培训考核后申请恢复有效,从而降低机型签署有效性恢复的周期和成本。此外,鼓励从事维修管理等非一线人员通过参与一线维修、放行工作保持机型有效。

除法律、规章另有规定外,航空器维修人员执照持有人有权从事下列航空器维修工作:

(1)按照执照类别,对非复杂航空器依据其持续适航文件的规范实施维修放行。

(2)按照执照类别和机型限制,对复杂航空器依据其持续适航文件的规范实施维修放行。

(3)按照维修单位的授权和管理要求,对航空器部件依据其持续适航文件的规范实施维修放行。

四、维修工作的实施

(1)维修工作必须由具备相应资格并获得授权的人员来完成,各类人员所从事的工作内容与其授权的工作范围相符,未经授权人员应当在具有相应工作授权人员的指导下工作。

(2)维修工作必须严格遵循符合相应技术文件的工作单(卡)、维修工作实施依据文件执行。

(3)维修工作超出相应技术文件要求,本单位应当报告航空器运营人,并通过航空器运营人向局方申请批准其维修方案。

(4)维修工作必须按照相应的工作程序、操作规程进行。

(5)维修过程中,必须使用合格的工具设备、器材。

(6)维修工作必须按照相应的标准来完成;当飞机或部件的状况超出本单位的维修能力,应及时将信息上报机务部,相关飞机或部件不得放行。

(7)及时完成维修记录的签署,包括检验人员对必检项目的检验及签署。

五、维修放行

(1)完成民用航空器或者其部件的维修工作后,应当由授权的放行人员按照民航局要求的形式签发维修放行证明。

(2)放行人员必须确定所有的维修工作都已按标准完成,所有相关维修记录已签署完毕后,方可签署维修放行证明。

(3)航线维修工作或者结合航线维修工作完成的其他非定期检修工作在飞行记录本上签署放行。

(4)航空器定期检修工作完成后签署《航空器定期检修放行证书》。

(5)航空器部件维修工作放行签署《批准放行证书/适航批准标签》。

(6)本单位签发维修放行证明遵守下列规定:

①只能对本单位维修的航空器或者其部件签发维修放行证明;

②维修放行证明不得任意更改或者挪作他用;

③本单位将根据具体情况对维修放行证明进行调整以保证填写内容的完整性,但不得对其原有的内容进行任何删改。

(7)本单位将向送修人提供维修放行证明并附有关实施维修工作的说明;本单位提供的维修放行证明以及有关实施维修工作的说明至少使用中文,但在国外/地区送修客户提出要求的情况下,维修放行证明以及有关的说明可以采用英文。

(8)维修放行标准:

①确定规定的维修项目工作单(卡)的内容已全部完成;

②确定应执行的适航指令、服务通告、改装项目已全部完成;

③确定时控项目的工作单(卡)的内容已完成,保留故障项目符合《最低设备清单》的要求;

④确定工作中检查发现和机组报告的故障、缺陷已排除/正确处理;

⑤确定保留项目、代用器材已按有关程序办妥审批手续;

⑥确定属于必检的项目已由授权的检验人员完成;

⑦确定航空器上必须配备的技术文件、三证完好并齐全有效;

⑧确定相关工具设备齐全,并按规定签署了有关技术文件;

⑨对放行签署承担放行责任。

六、维修记录与报告要求

(一)维修记录要求

(1)维修工作应当保证记录完整;维修记录至少包括填写完整的工作单卡、发现缺陷及采取措施记录、换件记录及合格证件、执行的适航指令和服务通告清单、保留工作、测试记录、维修放行证明、重要修理及改装等。

（2）同一工作的记录使用统一的单卡或表格，并至少使用中文。

（3）维修记录可以使用书面或计算机系统记录的形式；使用书面形式的，使用的纸张须保证其在传递和保存期间不致损坏；使用计算机系统记录的，须保证信息能有效传递并建立与人员授权匹配的操纵权限控制系统。

（4）逐一及时记录维修工作的完成情况，以保证维修工作的连续性和完整性。

（5）质控部门制定维修记录管理程序，对维修记录的填写、标识、储藏、保护、检索、保存期限和处置方法进行有效控制。

（二）维修记录的填写

（1）维修记录应用黑色或蓝色的墨水笔或签字笔填写，具有复写要求的维修记录可以用黑色或蓝色圆珠笔填写。

（2）填写维修记录的人员必须具备本单位相应项目的授权。

（3）工作人员在完成工作后应逐项、按工作顺序签署工作记录；放行人员在所有维修工作已完成且其他维修记录已填写完毕的情况下签署放行证明文件。

（4）维修记录的填写应清晰、整洁、准确，测试数据应填写实测值。

（5）维修记录应使用叙述或说明性的文字，内容明确，逻辑严谨，言简意赅，不得用其他文字代替。

（6）维修记录不得进行涂改，原则上不允许更改记录内容；如确需根据实际情况对记录内容进行纠正，应按照工作程序对维修记录进行正确地更改并批准。

（7）无须填写或无关的栏目应按工作单的要求用斜杠画掉，或写明N/A，并签上处理人的姓名。

（8）工作单（卡）必须在工作现场签署，有检验项目的应进行检验签署，不能漏项或空白。

（9）局方要求的具有固定格式的维修记录的填写必须按相关的填写规定规范填写。

（三）维修记录的保存

（1）建立避免水、火毁坏或者丢失等保管维修记录的管理制度。

（2）航线维修工作的记录应当至少保存30天，其他维修记录应当至少保存2年。

（3）维修单位终止运行时，其在运行终止前两年以内的维修记录应当返还给相应的送修人。

（4）如需借阅、借出、复印、翻拍维修记录，应按照工作程序履行记录和批准手续；不允许本单位职工在未经许可的情况下将工作过程中的维修记录复印、翻拍给外单位人员。

(5)航空器调离维修单位时,应将相应航空器的单机档案及保存期内的维修记录一并交给承接单位。

七、维修文件

(一)飞机维修适用的手册——外场航线

1.航空器维修手册(Aircraft Maintenance Manual,AMM)

飞机和发动机制造厂所提供的维护手册,内容包括维护安装在飞机中的全部系统和功能部件的说明。航空器维修手册的内容是用来满足外场人员维护安装在飞机上的组件、系统、结构的资料,而不是翻修和部件维护人员使用的资料。

典型的飞机维修手册包括:

①对各系统的描述;

②润滑说明,加油次数,在不同系统中所用的润滑油脂和滑油;

③在不同系统中的压力和电气负载;

④使飞机正常工作的容差,以及必要的调整;

⑤水平校正、顶起和拖拽飞机的方法;

⑥平衡操纵面的方法;

⑦飞机在正常运行中所需的检查间隔和检查范围;

⑧飞机的简单结构检查,维护方法;

⑨一般的目视,孔探检验技术;

⑩各种外场允许的专用工作单。

2.零件目录图解手册(Illustrated Parts Catalog,IPC)

由飞机生产厂家提供,记载飞机上各种零部件的件号(Part Number)和图示。目录图手册按次序、归类、分解结构和机载设备的各种部件的各个剖面,从而标注出各个零部件的件号、生产厂商、技术规范、使用数量、适用位置等信息。中间还包括飞机制造厂生产的所有组件的视图和剖面图。

3.系统图解手册(System Schematics Manual,SSM)

由飞机生产厂商提供的,用以联系一所有飞机系统的原理图示,以便理解系统原理和排除系统故障。其展示了飞机机载系统的配置、系统功能、电路的操作,以及组件的辨识和位置,并且体现了机载电气、电子、液压系统与给定系统之间的逻辑关系。

4.线路图手册(Wiring Diagram Manual,WDM)

由飞机制造厂商提供,列举所有安装在飞机上的电气设备及其装配线路,飞机各个系统连接线路的走向及排布,用于定位电气设备、线路的维护和排故。手册中对于所有的电气设备进行了编号,即电器设备号(Wiring Diagram Equipment Number),也对所有导线和电缆编制了导线清单(Wire List)以及其他一些清单。

5.标准线路施工手册(Standard Wiring Practices Manual,SWPM)

飞机制造商提供的飞机上的导线、电气部件必须遵守的修理方法,以及可使用的工具和材料的指导手册。一般作为线路图手册(WDM)的标准施工部分使用,是线路维护必需的维护方法。

6.自检手册(Built-in test Equipment manual,BITE)

提供运行程序和故障隔离程序,有自检设备的航线可更换单元LRU(LineReplaceable Unit),以提高在飞机运行过程中的维修效率。

7.故障隔离手册和排故手册(Fault Isolation Manual & Trouble ShootingManual,FIM & TSM)

飞机制造厂商提供的用于故障的隔离和排除的维修出版物。手册针对不同系统的故障代码,提供了推荐的故障隔离和排除程序,在没有故障代码的条件下,也提供了相应的故障处理方法以及排故思路。

8.故障报告手册(Fault Report Manual,FRM)

飞机制造厂商提供给机组,用于故障的报告和排除的维修出版物。手册根据不同的故障表现,提供了相应故障代码以便于维护人员进行排故。

9.工具设备图解清单(Illustrated Tooland Equipment List,ITEL)

提供在航线和车间使用的特殊专用工具设备的描述图标和使用图标,经飞机制造厂家认可的地面辅助设备供应商。

(二)飞机维修适用的手册——定检时控

1.维修计划数据(Maintenance Planning Data,MPD)

由制造厂商提供给运营单位的客户化的定时维修计划数据,数据涵盖了制造商提供的推荐定时维修任务的时间限制和各组件的使用时间限制,用于指导运营单位执行FAR许可的可持续适航指令,帮助运营单位制定定时维修计划。临时性的维修要求由服务信函(Service Letter),服务通告(SB)和适航指令(AD)送达营运商。

2.标准工卡(Task Cards)

从飞机维修手册涉及拆装、测试、勤务和其他近似的维修项目中提炼的单独的工作卡片和工作单,以便维修人员在不使用飞机维修手册的情况下使用。这些卡片可以这样使用也可以按照营运商在航空公司要求出版物中的规定讨论产生。

3.维修计划(Maintenance Planning,MP)

各航空公司和维修单位依据维修计划数据的适航要求制定的本公司飞机进行定时性维修(一般称为定检)和时控件翻修的计划。维修计划一般依据飞行小时数(Flight Hour Limits)和循环数(Cycle Limits),也有少部分依照日历时间(Calendar Time Limit)制定发动机的定时维修计划。

(三)飞机维修适用的手册

1.结构修理手册(Structure Repair Manual,SRM)

此手册包括制造厂给出的主要结构和次要结构的详细资料和特殊说明,典型的蒙皮、框架、桁条也在其中。它还包括材料的紧固件的代用品及特殊修理技术。

2.无损探伤手册(Non-Destructive Test Manual,NDTM)

提供对飞机初级和次级结构的无损探伤特定说明和数据,包括无损探伤的方针,探伤的部位和准备,以及 X 射线,磁力、涡流、超声波、渗透剂等探伤方法的实施。无损探伤手册一般由专业无损探伤人员完成。

3.腐蚀防护手册(Corrosion Prevention Manual,CPM)

提供维护人员一般结构的腐蚀产物和原因,使用相应的防腐措施,当腐蚀发生后提供相应的处理方法。

(四)飞机维修适用的手册——深度维修

1.翻修手册(Overhaul Manual,OHM)

制造厂的翻修手册包括对从飞机上拆下零件的正常工作的简要资料和详细的分段工作说明,还包括外场工程技术人员不熟悉的部分,例如对飞机更换零件的检测、排故、校核、机械公差等。简单的和价格不贵的项目,如对开关和继电器进行维修是不经济的,所以不包括在翻修手册中。

2.部件维修手册(Component Maintenance Manual,CMM)或厂商部件维修手册(Vendor Manual,VM)

部件维修手册是由飞机生产厂商提供的,厂商部件维修手册是由飞机生产厂商之外的供货商供给的电子、计算机和飞机上装配的其他系统或组件内容。这些组件不仅供给飞机生产厂商，还供给所有的营运商，自行将其装配在该公司的飞机上。两种手册的内容是相似的，是针对该厂商在飞机上提供的所有部件给出的详细检测、排故、校核、机械公差等组成的技术文件。部件维修手册和厂商部件维修手册一般与翻修手册放在一起，用来在车间中对飞机各种部件进行翻修时作为技术参考。

（五）手册维修改版用文件

1.服务通告（Service Bulletins）

服务通告是机体、发动机和部件制造厂发的出版物。这些通告包括：

①印发该出版的目的；

②与此有关的机体、发动机或部件的名称；

③服务、调整、改装或检查的详细说明及需要说明的零件来源；

④估计完成此工作所需的工时数。服务通告不是强制性的，一般飞机制造厂商对不同的服务通告分配不同级别的运营商，其可以选择性地完成。

2.临时改版（Temporary Revisions）

在手册定期改版之前，须对手册进行临时性更改，这种更改的文件通常由黄色纸张印制。正常的手册中，定时改版后，通常与原手册一同失效。

以上介绍的这些维修文件，有的适合于飞机外场维护，有的适合于飞机内场维护，有的适合于工作单的编写等。这些并不是文件的全部内容，随着飞机种类的增加和民航体系的完善，维修文件也会随之增加。

（六）飞机发动机的手册

飞机发动机是一架飞机最特殊也是最重要的部件，所以飞机制造厂商通常会针对飞机的发动机编写一些手册，便于飞机维修人员更好地掌握发动机的性能和维修方法。

1.发动机手册（Engine Manual）

针对没有安装在电机上运行的发动机进行维修的措施。

2.发动机管理计划（Engine Management Plan）

发动机厂商发布的，提供如何减少总的发动机运营成本，优化发动机性能和提高发动机可靠性的关键性影响因素，以便各公司编写自己的发动机定时维修计划。

3.发动机装配手册（Power Plant Buildup Manual）

提供发动机快速更换所需要的各种工具、零、部件、耗材，以及发动机快速更换所要进行的测试程序，为方便维修人员单独使用和编辑的一本手册。

（七）与飞机放行相关的手册

提到与飞机放行相关的手册，我们就要先了解一下什么是飞机的适航性。"Airworthiness"，即适航性的英文简称，它是民用航空器一种属性的专用词。早期适航性的定义是：航空器适宜于空中飞行的品质。通俗地讲，即电机是否可以在空中安全飞行，随着航空科学技术的进步和民用航空业的发展，以及我们对航空安全知识的重视，适航性概念也在不断发展。概括地讲，适航是个抽象的、物理的、全过程的集合。归纳起来，其可以被理解为：该航空器包括其部件及子系统整体性能和操纵特性在预期运行环境和使用限制下的安全性和物理完整性的一种品质。这种品质要求航空器应始终处于保持符合其型号设计和始终处于安全与运行状态。有了对飞机适航性的了解，我们很容易知道与飞机飞行相关的手册是用来判断飞机是否适航的内容，换言之，也就是判断飞机在空中飞行的条件的内容。

1. 主最低设备清单（Master Minimum Equipment list，MMEL）

主最低设备清单是由生产厂商的飞行工程部门制定，并由 FAA 核准。其标明在飞机放行时，设备的缺失可能降低系统性能或使系统失效的情况。这些系统在特定情况下，在性能降低或者失效时，飞行机组是否被允许飞行，另外其还指定了这种情况下飞机维修的时间限度。

2. 最低设备清单（Minimal Equipment list，MEL）

最低设备清单是以主最低设备清单为基础发展的技术文件，是由各运营商制定，适用于各独立运营商的特定机型，概括了各系统的功能组件的缺损情况和放行时允许缺损的组件数量。

3. 外形缺损清单（Confiquration Deviation List，CDL）

外形缺损清单即外形缺损偏移指南（Dispatch Deviation Guide）的一部分，一般出现在空军手册（Air Force Manual，AFM）的附录中，或者与最低设备清单一起出现。其中包括所有外形缺损清单项目的图标，以及系统影响和飞行员性能影响的相关信息。

最低设备清单与外形缺损清单的作用相同，如果说最低设备清单对应的是飞机系统和飞机设备的话，外形缺损清单对应的是飞机结构和飞机外形的内容，主要针对各系统的盖板、封严、整流罩等零部件的缺失情况，配图进行说明。

此外，关系放行的还有运营手册（Operation Manual，OM）和快查手册（Quick Reference Handbook，QRH）等，飞机应急时候使用，需要在航空器运行时携带的非微缩型手册。

第四节　空中交通服务

一、概述

空中交通服务是指为保证航空器在飞行过程中的空中交通安全、保持空中交通秩序、保障空中交通顺畅的一系列服务。其内容包括空中交通管制服务、飞行情报服务和告警服务。本节主要对通用航空空中交通管制服务进行梳理,介绍其在通用航空任务审批、空域划设、飞行计划申请到实施的过程中的有关程序和内容以及要求,旨在帮助通用航空调查员了解通航运行过程中的空中交通管制工作实际情况,掌握与其有关的调查内容。

除空中交通管制服务外,空中交通服务还包括飞行情报服务和告警服务。飞行情报服务的目的是向飞行中的航空器提供有助于安全和有效实施飞行的建议和情报。告警服务的目的是向有关组织发出需要搜寻援救航空器的通知,并根据需要协助该组织或者协调该项工作的进行。

二、空中交通管制服务基本概念

(一)空中交通管制服务的目的

空中交通管制是指持有资质的人员利用通信、导航、监视设备,通过对航空器进行定位,实施指挥,调配解决飞行冲突以确保飞行安全,并且为飞行活动提供必要的情报信息的一系列活动。空中交通管制服务的目的是防止航空器与航空器相撞,以及在机动区内航空器与障碍物相撞,维护和加快空中交通的有序流动。

(二)提供空中交通管制服务的主体

在我国,由飞行管制部门(这里的"飞行管制部门"主要是指人民解放军空军各级飞行管制部门)按照职责分工,对通用航空飞行活动实施管理,提供空中交通管制服务。在民航具体负责实施管理的空域内,通常情况下该项服务由民航空中交通管制单位负责

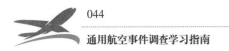
提供。

民航空中交通管制单位主要包括：空中交通服务报告室、机场塔台管制单位(简称塔台管制单位)、进近管制单位、区域管制单位、地区空中交通运行管理单位、全国空中交通运行管理单位。这些管制单位按照职责分工,分别提供机场管制服务、进近管制服务、区域管制服务、运行监控和搜寻救援协调。

塔台管制单位、空中交通服务报告室在机场取得相应使用许可证后方可运行,其他管制单位由民航局批准后方可运行。管制单位运行前应当按规定公布其运行程序。管制单位运行应当明确服务范围、服务时间、管制方式、管制间隔、运行方式等内容,并具备以下条件：

(1)保障运行所需要的适当数量的、合格的民用航空空中交通管理专业人员。

(2)满足运行所需的设施设备。

(3)必要的空中交通管理工作的制度和运行程序。

(4)与相关单位签订必要的协议。

(5)符合规定的其他条件。

从事空中交通管制工作的人员称为"空中交通管制员"。管制员应当按照《民用航空人员体检合格证管理规则》规定参加体检并取得相应的体检合格证,完成《民用航空空中交通管制培训管理规则》规定的培训,按照《民用航空空中交通管制员执照管理规则》通过理论考试和技能考核,获得必要的申请经历,取得执照,方可从事与其执照相适应的空中交通管制工作。管制员执照是执照持有人从事空中交通管制岗位工作的资格证书,由民航局颁发。

(三)空中交通管制服务的责任范围

在我国境内,航空器在管制区域内的空中交通活动应当接受空中交通管制单位提供的空中交通管制服务,并遵守空中交通管制员(以下简称管制员)的指令和许可。提供空中交通管制服务的单位及其人员,应当按照法律和规章的要求履行职责,对危及或者影响空中交通安全的行为,可以采取适当有效的措施,保障航空器的安全。

通用航空活动通常情况下在机场管制区、临时飞行空域、起降点,以及连接其间的临时航线或飞行通道中进行。根据我国民航行业规章,在民航责任范围内：

(1)机场塔台管制区内的通用航空飞行活动接受管制服务、飞行情报服务和告警服务。

(2)机场塔台管制区外临时飞行空域内的通用航空飞行活动接受飞行情报服务和告

警服务。

（3）在临时飞行空域内进行通用航空飞行的,由从事通用航空飞行活动的单位、个人负责组织实施,并对其安全负责。

（4）在起降点飞行的组织指挥,由从事通用航空飞行活动的单位、个人负责。

其中,机场塔台管制区内的通用航空飞行活动的空中交通服务由该机场塔台提供。月起降低于600架次非经营性载人活动或者仅有一个通用航空飞行活动组织单位组织非经营性载人活动的机场,可由一家通用航空飞行活动组织单位对该机场飞行活动的安全负责。临时飞行空域内的通用航空飞行活动的飞行情报服务和告警服务由所在区域的管制单位提供,其通用航空飞行活动的安全由通用航空飞行活动组织单位负责。

在只有训练、熟练飞行的机场或者训练、熟练专用空域内的飞行,由组织训练、熟练飞行单位的飞行指挥员负责飞行的组织和指挥。在同一机场同时有训(熟)练飞行和运输飞行时,飞行指挥员只负责训(熟)练航空器的技术动作的指挥,而所有航空器包括训(熟)练航空器的管制和间隔均由管制员负责。飞行指挥员和管制员之间应密切配合保证飞行安全。

三、通用航空空中交通服务工作主要内容

(一)通用航空的空中交通服务

通用航空的空中交通服务工作主要内容包括:通用航空任务申请与审批、空域划设与申请、协议签订、飞行计划申请、飞行活动保障等。通用航空空中交通管制服务主要涉及的环节是协议签订、飞行计划申请与飞行活动保障。

通用航空任务的申请由组织实施通用航空飞行的单位或个人提出。在我国,由国务院民用航空主管部门负责通用航空飞行任务的审批。总参谋部和军区、军兵种有关部门主要负责涉及国防安全的通用航空飞行任务的审核,以及地方申请使用军队航空器从事非商业性通用航空飞行任务的审批。

通常情况下,通航任务的实施需要划设临时飞行空域,并且明确起降场进入和退出临时飞行空域方法。划设临时飞行空域的申请,由申请人在拟使用临时飞行空域7个工作日前向有关飞行管制部门(通常指负责本区域的战区空军飞行管制部门)提出;负责批准该临时飞行空域的飞行管制部门会在拟使用临时飞行空域3个工作日前作出批准或者不予批准的决定,并通知申请人。已划设的临时飞行空域,从事通用航空飞行活动的其他单位、个人因飞行需要,经批准划设该临时飞行空域的飞行管制部门同意,也可以使用。

在组织通用航空飞行活动前,负责安全的通用航空飞行活动组织单位应当与相关管制单位、本机场其他通用航空飞行活动单位、机场保障单位签订协议,明确安全责任主体和各自责任。

飞行计划申请,由申请人在拟飞行前1天15时前提出,飞行管制部门会在拟飞行前1天21时前作出批准或者不予批准的决定,并通知申请人。

临时飞行计划申请:执行紧急救护、抢险救灾、人工影响天气或者其他紧急任务的,可以提出临时飞行计划申请。临时飞行计划申请最迟应当在拟飞行1小时前提出;飞行管制部门应当在拟起飞时刻15分钟前作出批准或者不予批准的决定,并通知申请人。

在民用航空领域,通用航空飞行保障活动实施过程中,应当根据其飞行所经空间区域性质,接受对应民航管制单位提供的管制服务、飞行情报服务和告警服务。

(二)通用航空的空中交通管制

在通用航空飞行活动实施过程中,其相关的空中交通管制工作内容主要涉及飞行前申请、飞行动态信息通报、实施空中交通管制。

飞行前申请是指通用航空器具体实施飞行前,向管制单位提出飞行许可的申请。通常情况下,管制单位受理飞行前申请,需要确认该通用航空任务、临时空域与相关飞行计划等批复文件是否有效,相关协议是否有效。在确认上述资料有效的前提下,按照所承担的职责和分工向有关飞行管制单位提出申请,并及时将批准意见通知申请人。

在实施飞行过程中,通用航空飞行的起飞、着陆标准由机长或者飞行员根据适航标准、气象条件和任务要求确定。从事通用航空飞行活动的民用航空器能否起飞、着陆和飞行,由机长(飞行员)根据适航标准和气象条件等最终确定,并对此决定负责。有关通信、导航、雷达、气象、航行情报和其他飞行保障部门协同保障通用航空飞行顺利实施。需要注意的是,在划设的临时飞行空域内从事通用航空飞行活动时,按照我国民航有关规定,应当保持空地联络畅通。

例如:某通用航空主体单位以某民航机场为起降点,在该机场塔台管制空域范围内实施一项短期通用航空任务。对该通航单位来说,应当在经过任务审批、向所属飞行管制部门申请划设临时空域、飞行计划并获得同意(通常情况下为有效的批复文件)后,与该机场和实施通用航空飞行的临时空域以及途经的管制单位、机场保障单位等签订协议,明确安全责任主体和各自责任,并且按照协议规定的形式和内容,向该机场民航管制单位提出飞行前申请。在实施飞行任务过程中,通用航空器应当与机场塔台保持通信联络,并将起飞、着陆、进入或退出临时空域、改变飞行高度等重要的飞行动态信息及时通报机场塔台,由机场塔台根据职责分工通报其他管制单位。

四、通用航空事故调查过程中空中交通管制重要相关因素

通用航空事故调查涉及的空中交通管制工作相关的重要因素通常包括:实施飞行活动必要的资料、运行相关人员信息、空中交通运行保障设施设备情况、重要管制运行记录、有关气象、情报资料和信息等。

(一)实施飞行活动必要的资料

不论是组织实施通用航空的单位及个人,还是为通用航空提供空中交通服务的单位及个人,都需要在实施飞行活动必要的资料确定有效的前提下实施,否则可能导致非法实施飞行活动或非法提相关服务。这些资料通常包括以下内容:

(1)通用航空任务审批文件。

(2)通用航空飞行活动组织单位与管制单位签订的协议。

(3)经军、民航管制单位批复的飞行计划。

(4)飞行所需的航行情报资料、气象资料。

(5)满足航空器放行所必需的资料与手续。

其中,飞行计划指通航单位在飞行前一日15时前(临时飞行计划申请最迟在拟飞行1小时前)向管制单位提交的计划,通常以协议规定的形式和方式进行传递和接收,如使用电子或纸质表格通过传真、电子邮箱、AFTN电报系统等渠道进行传递。

(二)运行相关人员信息

在实施通用航空飞行活动过程中,运行相关人员主要指航空器驾驶员(机组)、管制员或指挥员等。

其中,管制员重要信息包括:

(1)管制员执照(执照签注地点、执照注册有效期)。

(2)管制员体检合格证。

(3)管制员培训记录。

管制员执照类别包括机场管制、进近管制、区域管制、进近雷达管制、精密进近雷达管制、区域雷达管制、飞行服务和运行监控等八类。民航局根据空管新技术发展应用情况以及采用的空中交通管制方式和手段,增加管制员执照特殊技能签注,以表明持照人有从事特殊管制岗位工作的能力(如ADS-B特殊技能签注)。

持照人应当在其工作单位所在地的地区管理局进行执照注册,注册的有效期为1年。颁发执照时,地区管理局应当进行首次注册。持照人执照未经注册或者注册无效的,不得独立从事其执照载明的工作。

管制员工作地点应当与其执照上的地点签注保持一致。

持照人所在单位应当建立管制员技术档案,如实记录持照人岗位培训、理论考试、技能考核、执照检查、岗位工作等技术经历。

(三)空中交通运行保障设施设备情况

空中交通运行保障设施设备主要包括航管、通信、导航、气象等设施设备:无线电导航设施(NDB、VOR/DME、仪表着陆系统的航向台、下滑台、指点标、精密进近系统部件等)、目视导航设施、监视设备、航空固定通信设施等。

其中,航空固定通信设施,包括报文通信和直通电话,用以交换和传递飞行计划和飞行动态,进行空中交通管制移交和协调。管制单位使用的直通电话等通信设施,应当有自动记录功能,自动记录应当至少保存30天。如果该记录与飞行事故和征候有关,应当按照要求长期保存,直至明确已不再需要保留时为止。

空管监视设施应当配备自动记录系统记录数据,供调查飞行事故和征候、搜寻援救以及空中交通管制和监视系统运行的评价与训练时使用。移动通信、固定通信和监视设施的自动记录系统应当处于统一的时钟控制之下,并能够同步播放。空管监视设施数据记录应当至少保存30天。如该记录与飞行事故或故征候有关,应当按照要求长期保存,直至不再需要时为止。

对于机场和航路上的目视和非目视导航设施的资料和运行的不正常情况,有关保障部门应当及时通知有关管制单位。机场和航路上的目视和非目视导航设施和监视设施,应当根据需要按照规定开放,平时不开放的按照管制单位的通知准时开放。如果设施中断运行,有关单位应当立即报告管制单位。

通信导航设施设备的工作记录,应包括设备开放或关闭的时间,设备故障、排故记录等。

关于机场活动区内的跑道、滑行道、停止道、停机坪、升降带及目视标志和灯光的可用状态的情报和信息,有关单位应当及时通知塔台管制单位。机场活动区内的跑道、滑行道、停止道、停机坪、升降带及目视标志和灯光等资料如有变化,有关单位应当立即通知塔台管制单位。机场活动区内有影响航空器安全和正常运行的危险情况时,如跑道、滑行道上及其附近有临时障碍物或者正在施工等,有关单位应当立即通知塔台管制单位。

(四)重要管制运行记录

管制单位记录并保存提供空中交通服务的情况,这些记录是调查过程中所涉及的必要且重要的资料。管制运行记录主要包括:

(1)管制单位运行基本情况。

(2)管制岗位人员工作情况。

(3)管制运行重要数据记录。

(4)飞行计划和飞行进程单。

(5)空中交通活动统计数据。

管制单位的管制运行重要数据记录至少保存30天。管制运行重要数据是指:

(1)用于空中交通管制的双向地空语音通信记录、管制席位的平面通信记录。

(2)用于空中交通管制的双向地空数据链通信记录。

(3)空中交通服务中使用的监视数据,包括一、二次雷达数据记录,自动相关监视数据记录等。

(4)管制员使用自动化系统显示的飞行航迹、标牌、电子飞行进程单等主要数据记录。

(5)其他涉及管制运行的重要数据记录。

管制单位设立有管制工作日志,记录管制单位运行基本情况和管制岗位人员工作情况。管制工作日志记录以下内容:

(1)管制席位开放和关闭情况。

(2)管制岗位人员工作及准备情况。

(3)管制岗位值班时间和交接班情况。

(4)管制设备工作情况。

(5)机场和导航设备基本情况。

(6)天气对空中交通服务的影响。

(7)提供空中交通服务的基本情况。

(8)不安全事件、搜寻援救事件。

(9)违反规章和运行手册的情况等。

以下文本和记录的保存时间,由管制单位应当根据需要确定,通常情况下不少于30天:

（1）空中服务信息，包括飞行计划、起飞和着陆等信息。

（2）飞行进程单。

（3）自动通播的内容。

（4）管制工作日志。

以下文本和记录至少保存6年：

（1）空中交通服务中断的具体情况。

（2）管制设备故障的具体情况。

（3）管制设施不能使用的具体情况。

（4）管制员岗位执勤记录，包括上岗前准备情况。

（5）管制不安全事件相关具体信息。

（6）管制单位运行手册及其他与运行相关规定。

飞行事故、征候或者其他航空不安全事件调查有关的管制运行记录，应当按照法律法规的要求长期保存，直至不再需要时为止。

例如，在通航飞行活动的管制服务过程中的关键的信息：通用航空器放行有关记录（包括飞行前申请和批复情况，通常为电话录音以及值班日志记录），管制单位拍发的飞行动态电报（通常指使用AFTN电报系统拍发的起飞、落地、变更电报），管制部门间的信息通报（通常为电话录音以及值班日志记录）。

（五）管制运行相关气象资料

气象服务机构应当向区域管制单位提供其所辖区域内机场和航路的下列气象资料：

（1）例行天气报告、机场特殊天气报告。

（2）趋势预报、机场预报及其修订。

（3）高空风、高空温度和航路上重要天气现象预报以及重要气象情报、低空气象情报。

（4）适用的特殊空中报告。

（5）管制区内其他气象信息。

（6）按管制单位要求提供其所需的气压数据，以便拨正高度表。

气象服务机构应当向进近管制单位提供其所辖区域内机场和空域内的下列气象资料：

（1）例行天气报告、本场特殊天气报告。

（2）趋势预报、机场预报及其修订。

(3)重要气象情报、低空气象情报、风切变警报及告警。

(4)适当的特殊空中报告和机场警报。

(5)管制区内其他气象信息。

(6)按管制单位要求提供其所需的气压数据,以便拨正高度表。

气象服务机构应当向塔台管制单位提供其所辖机场和空域内的下列气象资料:

(1)例行天气报告、本场特殊天气报告。

(2)趋势预报、机场预报及其修订。

(3)重要气象情报、低空气象情报、机场警报和风切变警报及告警。

(4)管制区内其他气象信息。

(5)按管制单位要求提供其所需的气压数据,以便拨正高度表。

(6)如使用多个风力计,应当明确注明,以便识别每个风力计所监测的跑道和跑道地段。

(六)管制运行相关航空情报资料

管制单位应当与相应的航空情报服务机构建立联系,以便能够及时发布和得到对飞行有直接影响的航空情报。

航空情报服务机构应当向管制单位提供需要的一体化航空情报系列资料,以便其履行空中交通管制的职责。这些资料包括但不限于NAIP公布资料及相关手册、地图、航行通告等。

第五节　通用航空飞行数据

一、飞行数据的概念

飞行数据指的是航空器在飞行过程中实时产生的存储在快速存取记录器(QAR)、飞行数据记录器(FDR)或数字式飞机状态监控系统记录器(DAR)中的各项基本航行数据和各飞机系统参数等,可以用于研究和还原飞行全过程中的驾驶员操纵、系统工作情况等。航空运行单位和航空管理部门对这些飞行数据的监控称为飞行品质监控,是国际民航公认的保证飞行安全的重要管理手段之一。

现代数字航空器的许多仪表和航空电子设备都具有非易失性存储器(NVM),可以提供任何其他地方未能捕捉的关键信息。如果航空器上没有飞行数据记录器或驾驶舱语音记录器,则这些装置尤其有用。许多国家并不要求货运飞机、公司或商务喷气机、直升机、军事飞机或通用航空飞机装备飞行数据记录器或驾驶舱语音记录器。在这种情况下,非易失性存储器是唯一的信息来源。虽然这些装置并不抗坠毁,但在发生灾难性事故的情况下,仍然有可能找回有用的数据。

二、应用背景

《国际民用航空公约》附件6中规定:最大起飞全重超过27000千克的飞机的运营人应制订并实施飞行品质监控方案,作为其安全管理体系的一部分。同时建议最大起飞全重超过20000千克的飞机的运营人应制订并实施飞行品质监控方案。

中国民航为提高航空安全水平,从1997年开始在所有合格证持有人中推行飞行品质监控工程,并颁布适航指令《关于加装快速存取记录器(QAR)的规定》(CAD1997-MULT-38),规定从1998年1月1日起,在中国境内注册并营运的运输飞机应当安装快速存取记录器(QAR)或等效设备。2000年12月15日民航局航空安全办公室颁布了《中国民用航空局飞行品质监控工作管理规定》,从"设备和监控要求""机构设置和人员""运行"三方面提出了工作要求,对飞行品质监控工作进行了规范。

2010年1月4日颁布的中国民用航空规章《大型飞机公共航空运输承运人运行合格审定规则》(CCAR-121-R4)以规章的形式对飞行品质监控提出了要求。

2012年2月15日颁布的咨询通告《飞行品质监控(FOQA)实施与管理》(AC-121/135-FS-2012-45)对航空公司建立和实施符合局方要求的飞行品质监控项目提供了指导。2015年6月30日,民航局修订并发布了《飞行品质监控(FOQA)实施与管理》(AC-121/135-FS-2012-45R1),更加明确地描述了飞行品质监控的构成、建立、实施、管理、数据保护和信息共享等内容。

三、飞行数据的应用

飞行数据的主要应用体现在飞行品质监控上。根据民航多年来开展飞行品质监控工作的经验及各项有关科研成果显示,飞行品质监控对提高航空运行单位的安全水平,降低运行风险具有重大意义。

　　飞行数据的价值在于能够直观具体地表达飞机运行过程中的各项参数,通过对各项飞行数据的监测,实现飞行品质监控。飞行品控的价值在于及时发现飞行参数超限情况,尽早地识别不符合标准的操作、存在缺陷的程序、航空器性能的衰减、空中交通管制系统的不完善等安全隐患,为改进措施的制定及实施提供数据和信息支持。另外在航空事件调查中,飞行数据也有着重要意义,通过对关键数据的分析往往能起到还原事件经过的重要作用。

　　目前,中国民用航空飞行学院已经开展通用航空飞行数据监控和分析工作。中国民用航空飞行学院共使用3种系统对飞行数据进行监控、分析和管理,分别是中国民用航空飞行学院自主研发的通用航空飞行品质监控系统(GA-FOQA)和中国民航科学技术研究院研发的记录器数据管理软件(CEIBA)、记录器数据可视化软件(Flight REC)。通过以上三种系统可实现对中国民用航空飞行学院现有多种机型的机载SD卡数据分析、发动机电子控制单元(ECU)数据监测分析以及飞行驾驶舱视频监控。中国民用航空飞行学院对多元化的飞行数据的应用主要体现在月度飞行品质监控、飞行事件调查、发动机数据监测和维修评估、飞行员作风监督等方面。

四、典型飞行数据

(一)Date(日期)

意义:指示航空器飞行数据中记录的年、月、日信息。

格式:yyyy/mm/dd 或 yyyy-mm-dd

示例:2022/12/01 或 2022-12-01

(二)Time(时间)

意义:指示航空器飞行数据中记录的时、分、秒信息。一般每秒记录一次。

格式:hh:mm:ss

示例:18:30:15

(三)UTC(Universal Time Coordinated,协调世界时)

意义:指示航空器飞行数据中时间单位所在的世界时时区。

格式:±hh:mm

示例:+08:00(北京时间对应世界时+08:00)

(四)Atv Wpt(Active Waypoint,激活的航路点)

意义:指示航空器飞行数据中该时刻激活的航路点名称。

格式:XXXXX

示例:CZH、BUBDA、P23等

(五)Longitude(经度)

意义:指示航空器飞行数据中该时刻航空器所在的经度。

格式:Exxx°xx′xx″或Wxxx.xxxx°

示例:E104°59′59″(东经104度59分59秒)

　　　W104.9999°(西经104.9999度)

说明:部分航空器飞行数据不能区分东西经度,需要结合实际飞行情况确定经度。

(六)Latitude(纬度)

意义:指示航空器飞行数据中该时刻航空器所在的纬度。

格式:Nxx°xx′xx″或Sxx.xxxx°

示例:N30°59′69″(北纬30度59分59秒)

　　　S30.9999°(南纬30.9999度)

说明:部分航空器飞行数据中不能显示南北纬度,需要结合实际飞行情况确定纬度。

(七)Alt(Altitude,高度)

意义:指示航空器飞行数据中该时刻航空器所在的气压高度。

单位:英尺(ft)或米(m)

格式:xxxx.x ft或xxxx.x m

示例:2000.9ft或2000.9m

说明:该高度的数值受修正海平面气压的设置值影响。

(八)Alt MSL(Altitude Mean Sea Level,平均海平面高度)

意义:指示航空器飞行据中该时刻航空器所在的平均海平面高度。

单位:英尺(ft)或米(m)

格式:xxxx.x ft或xxxx.x m

示例:2000.9ft或2000.9m

说明:该高度的数值不受修正海平面气压的设置值影响,仅与平均海平面气压有关。

(九)Baro(气压)

意义:指示航空器飞行数据中该时刻航空器设置的修正海平面气压值。

单位:百帕(HPa)或英寸汞柱(in Hg)

格式:xxxx或xx.xx

示例:999(HPa)、1013(HPa)或29.91(in Hg)、30.13(in Hg)

说明:具体单位显示与机载设备设置有关。

(十)OAT(Outside Air Temperature,外界温度)

意义:指示航空器飞行数据中该时刻航空器所在环境的外界温度。

单位:摄氏度(℃)或华氏度(℉)

格式:±xx.x℃或xx.x℉

示例:20.0℃、-1.0℃、68℉

说明:具体单位显示与机载设备设置有关。换算关系为℉=℃×1.8+32

(十一)IAS(Indicated Air Speed,指示空速)

意义:指示航空器飞行数据中该时刻航空器的指示空速。

单位:节(kt)或公里/小时(km/h)

格式:xxx.x kt或xxx.x km/h

示例:100.1 kt或200.1 km/h

说明:该飞行数据源于全静压系统和大气数据计算机。

(十二)GndSpd(Ground Speed,地速)

意义:指示航空器飞行数据中该时刻航空器的地速。

单位:节(kt)或公里/小时(km/h)

格式:xxx.x kt或xxx.x km/h

示例:100.1 kt或200.1 km/h

说明:该飞行数据源于机载卫星定位系统(GPS)。

(十三)VSpd(Vertical Speed,升降速度)

意义:指示航空器飞行数据中该时刻航空器的爬升或下降速度。

单位:英尺/分钟(ft/min)

格式:±xxx.x ft/min

示例:+100.1 ft/min、−200.1 ft/min

说明:该飞行数据源于全静压系统和大气数据计算机。

(十四)Pitch(俯仰角)

意义:指示航空器飞行数据中该时刻航空器的俯仰角度。

单位:度(°)

格式:±xx.x°

示例:+5.1°、−20.5°

说明:正值(+)为上仰角,负值(−)为下俯角,0度为水平不带俯仰角度。

(十五)Roll(横侧坡度)

意义:指示航空器飞行数据中该时刻航空器的横侧坡度。

单位:度(°)

格式:±xx.x°

示例:+10.1°、−20.5°

说明:正值(+)为右滚转,负值(−)为左滚转,0度为水平不带横侧坡度。

(十六)NormAc(Normal Acceleration,垂直加速度)

意义:指示航空器飞行数据中该时刻航空器的垂直加速度。

单位:g

格式:±xx.xx

示例:+1.80、−0.81

(十七)HDG(航向)

意义:指示航空器飞行数据中该时刻航空器的航向。

单位:度(°)

格式:xxx.x

示例:180.1°

(十八)TRK(航迹)

意义:指示航空器飞行数据中该时刻航空器的航迹。

单位:度(°)

格式:xxx.x

示例:180.1°

(十九)Volt(电压)

意义:指示航空器飞行数据中该时刻电源系统的电压。

单位:伏特(V)(部分航空器可能存在多套电源系统)

格式:xx.xV

示例:24.4V

>>> >>> 模块三

通用航空调查
基本方法

章节导读

　　事故调查过程中,调查员需要通过现场勘查、证人访谈、试验验证等一系列的工作去获取人员、航空器、设备、环境、管理等方面的资料证据。因此,当事故发生后,有条不紊地开展调查工作是通用航空事故调查的基本准则。调查员必须按照科学方法的工作思路,开展事故调查工作,以确保调查结论真实可靠。编者根据手册中的规范化工作流程,借鉴国际上的通用做法,并考虑通用航空运行特点,整理了下列通用航空事故技术调查基本方法,并按照工作开展的顺序进行描述。

学习目标

知识目标:

1.认识通用航空事故技术调查基本流程。

2.了解通用航空事故技术调查试验验证方法。

3.学习通用航空事故调查报告。

能力目标:

1.熟练掌握通用航空事故技术调查基本流程。

2.熟练掌握通用航空事故调查报告基本撰写方法。

素质目标:

1.培养科学精神、科学态度,掌握科学的学习方法。

2.培养开拓创新和改革探索意识。

第一节　初始响应

初始响应,顾名思义是通用航空事故技术调查中的最初行动,也是事故调查的前期阶段,此时通用航空事故已经发生,但应急救援工作往往尚未结束。事故发生,调查人员需要根据碎片化的初始信息通报,立即作出调查决策,采取调查行动。但是由于事故证据存在易失性、隐秘性的特点,调查人员容易在调查中出现疏漏而导致关键证据的消失。因此,做好初始响应工作会有助于调查人员快速、准确、完整地固定事故证据,帮助调查人员做好自身防护,使调查工作事半功倍。

一、派出先遣人员

时间是调查的关键,早一步抵达现场就意味着提升找到有效证据的概率。但由于通用航空作业的特点,通用航空事故现场往往位于山区、江湖等调查人员难以快速到达的地方。因此,派出先遣人员是调查工作中的通用做法。先遣人员通常为调查组到达前派出的具备调查员资质或调查经验的专业人员。先遣人员应配备个人现场调查工作包,包括个人防护装备、个人调查设备和日用物品,以便在事发后可以立刻赶赴事发现场。先遣人员到达现场后,根据工作安排,开展下列工作(图3.1)。

图3.1　工作流程

（一）现场保护

事故发生后,由于应急救援工作需要,现场应急指挥机构往往需要移动航空器,甚至对航空器进行破拆。因此,先遣人员到达现场后应当首先与现场应急指挥机构取得联系,了解现场情况,提出现场保护要求,指导现场应急指挥机构保护事发现场、航空器、航空器残骸以及其他相关设备的安全,防止进一步破坏发生,同时防止证据因残骸失窃、移位或不当处置而遭到破坏或消失。

先遣人员应当妥善处理搜寻救援和现场保护之间的关系,搜寻救援阶段以抢救人员、保护财产为主,兼顾保护现场证据。应尽量保护现场痕迹和物证,使航空器残骸和现场物品处于事发时的原始状态,及时记录应急救援导致的现场变化。

救援工作一经完成,救援人员不得再次进入现场,救援人员和设备撤离现场时应当十分小心,防止对事发现场的破坏。

(二)证据收集

先遣人员应当及时收集、保护现场各种重要证据,对记录器和易失物证,应当注意及时拍照、摄像、采样、收集,并进行书面记录。

(三)驾驶舱保护

先遣人员应向现场应急指挥机构特别强调要尽可能保持驾驶舱的原始状态。除因救援工作需要外,任何人不得进入驾驶舱。禁止扳动操纵手柄、电门、旋钮,改变仪表指示和无线电频率等破坏驾驶舱原始状态的行为。在应急救援结束后,先遣人员应协调安排现场应急指挥机构安排专人监护驾驶舱,直至向调查组移交。

(四)现场危险源识别

先遣人员应及时了解机载及运载危险品信息,掌握危险品在现场的状况,查明现场有无其他危险品存在,通知现场应急指挥机构,协助设置专门警戒和标志,注意安全防护。

(五)残损航空器搬移

如果事发航空器及其残骸妨碍了其他公共设施的使用,例如:妨碍铁路、公路的运输或者机场的使用而必须移动时,先遣人员应当向组织事故调查的部门报告,并注意做好以下工作:

(1)移动前对残骸现场进行拍照、摄像。

(2)移动前绘制残骸现场的草图,标明移动的主要部件、移动路径和能够确定航空器状态的各种标记、标志。

(3)移动时应当尽可能避免对航空器及其残骸和现场痕迹的破坏,例如:移动航空器时应当沿其事故发生时的运动方向向前移动,移动的距离越短越好。

(4)应当记录移动过程中航空器及其残骸和现场痕迹的损坏和变化情况。

(六)寻找证人

先遣人员应尽可能寻找所有的事件目击者、当事人和可能为事故提供证据的其他人员,记录其姓名和联系方式,建立名册。如果证人提供相应的证词、证据等,应予以记录,并提交调查组。先遣人员通常不对证人进行访谈或开展其他有关调查活动。

(七)事件信息补充报告

先遣人员应当与组织事故调查的部门保持联系,及时报告现场情况和获得的新的事故相关信息。

(八)现场情况汇总

先遣人员应及时收集和妥善保管与事发航空器相关的所有记录,整理现场工作的有关情况,做好向调查组汇报的准备。

(九)预先安排食宿和交通

先遣人员应负责协助安排调查组在当地的食、宿及交通。为方便来往于事发现场,最好安排调查组在事发现场就近住宿,住地需有必要的会议室、通信设施及设备。

二、组建调查组

事故发生后,组织事故调查单位应按照如下顺序,考虑相关要素,快速成立满足事故调查需求的综合调查组。调查组成员在调查期间,应当脱离其日常工作,将全部精力投入调查工作,并不得带有本部门利益。与事件有直接利害关系的人员不得参加调查工作。

(1)组织事故调查的部门根据事故情况,及时选择知识渊博、经验丰富和德才兼备的调查员为调查组组长,同时可依据调查工作的需要任命一名或多名副组长。调查组组长和副组长人选可由组织事故调查部门的航空安全办公室提名,并由组织事故调查的部门任命。调查组组长负责管理调查工作,并有权对调查组的组成和调查工作作出决定。副组长协助组长工作。

(2)组织事故调查的部门确定调查的范围和规模时,考虑的因素包括但不限于:
①是否造成人员伤亡、航空器损坏、设备设施损坏、第三方损失以及环境破坏等情况;
②是否存在事故、征候发生的确定或潜在的安全隐患;
③是否存在类似事件多次发生的可能性,以及是否造成不良后果和不良后果的严

重性；

④与事件相关的运行类型、航空器型号及类别、运营人、制造商和监管方等；

⑤与行业的普遍做法及规章、标准、程序之间的偏差；

⑥行业可能获得的安全教训；

⑦仅调查经适航审定或运行批准的无人航空器系统。

（3）调查组组长根据事件的类型、复杂程度、调查需要的专业知识等因素，对事件情况进行评估，确定专业小组数量和组成，以及事件调查的范围和规模，同时根据实际情况，可以合并、新增和取消专业小组。

（4）调查组组长指定专业小组组长，各专业小组组长负责管理本小组的调查工作。各专业小组分别负责飞行运行、航空器适航和维修、空中交通服务、航空气象、航空安保、机场保障、飞行记录器分析、失效分析、航空运输、航空医学、生存因素、人的因素、组织管理和应急处置等方面的调查工作。

三、封存资料

组织事件调查的部门在收到事件通知后，应当立即提醒辖区内与事发航空器运行及保障有关的运营人、空管、油料、运输、机场等单位封存资料。可能封存的资料如下：

（1）飞行日志、飞行计划、通信、导航、监视、气象、空中交通服务、雷达、广播式自动相关监视（ADS-B）等有关资料。

（2）飞行人员的技术、训练、检查记录，飞行经历时间。

（3）航空卫生工作记录，飞行人员体检记录和登记表、门诊记录、飞行前体检记录和出勤健康证明书。

（4）航空器国籍登记证、适航证、无线电台执照、履历、有关维护工具和维护记录。

（5）为航空器加注各种油料、气体等的车辆、设备以及有关化验记录和样品。

（6）航空器使用的地面电源和气源设备（如有）。

（7）为航空器除、防冰的设备以及除冰液化验的记录和样品（如有）。

（8）旅客货物舱单、载重平衡表、货物监装记录、货物收运存放记录、危险品运输相关文件、旅客名单和舱位图（如有）。

（9）旅客、行李安全检查记录，货物邮件安全检查记录，监控记录，航空器监护和交接记录（如有）。

（10）有关影像资料（如有）。

（11）其他需要封存的文件、工具和设备（如有）。

应当封存但不能停用的工具、设备等，应当用拍照、记录等方法详细记录其工作状态。

所有封存的文件、样品、工具、设备、影像和技术资料等未经调查组批准，不得启封。

四、准备调查装备与个人防护

调查组在前往事故现场前，应当根据得到的事故信息及先遣人员报告，准备好必要的文件资料、现场勘查装备以及个人防护用品。

（1）调查组应当准备调查需要的文件资料，主要包括：相关规章和程序、相关机型的手册、航行资料等。

（2）调查组应配备个人现场调查工作包，包括：个人调查设备、个人防护装备和日用物品等。个人防护用品包括：一次性橡胶手套、工作手套、面罩、护目镜、一次性防护服、一次性鞋套和防护靴、化学消毒剂和生物危险处理袋等。

（3）调查组应了解事件发生地的天气、地理及环境情况，视情准备相应的衣物、防护用品和药品等，视情请医疗部门注射抗原。

第二节 现场调查

现场调查是事故调查的关键环节。调查过程的初步阶段应着重于界定和获取与事故有关的信息，并优先找寻容易消失的信息。现场调查过程中，调查员应当收集包括事故细节、气象细节、技术细节和人的因素在内的信息。现场调查收集的信息可以和后续调查收集的其他数据汇总，形成辨别和认定可能的促成因素的方法。因此，做好现场调查有助于调查员更加全面地收集事故信息，并大大提高找到事故原因的成功率（图3.2）。

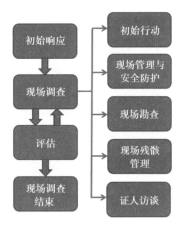

图3.2 调查过程

一、初始行动

初始行动是指调查组到达事故现场后首先开展的保障协调工作,其主要包括:建立前方指挥部、建立通信与后勤保障、现场汇报与协调、调查组任务分工及调整等。

(1)建立前方指挥部是指在调查组驻地或其附近,建立由调查组组长、副组长或者组长指定的人员负责,对调查工作进行决策和指挥的前方指挥部。指挥部需设有指挥室、办公室、会议室和保密室,并配备必要的办公设备,包括通信、网络、影音播放、打印及复印设备等。办公和会议场所及设备的配备应当满足保密的要求,注意采取适当的保安措施。

(2)建立通信与后勤保障是指调查组应建立组织事件调查的部门、前方指挥部与现场指挥所之间的通信联络,配备必要的通信设备,并由调查组组长指定后勤保障负责人,提供交通、食宿、会议等后勤保障工作。

(3)现场汇报与协调。调查组到达事发地后,应当及时听取前期工作情况汇报,明确各单位现场工作职责,协调各单位工作关系,取得各单位对调查工作的支持。

(4)任务调整。调查组组长应当根据得到的事件信息和调查工作需要,明确现场调查的工作任务、工作规定、工作要求、工作纪律和现场调查工作流程,按需调整人员和工作任务。

二、现场管理与安全防护

现场管理与安全防护往往是现场调查初期最容易忽视的环节。在事故发生后,事故现场参与应急救援和围观的人员众多,混乱的现场秩序容易破坏现场证据或引发舆论事件。并且事故现场存在有害气体、尖锐物体、凹坑陡坡等诸多安全隐患,增加了调查员受伤的风险。因此,工作结束后,调查组应当及时接管事发现场,指定专人负责现场管理,进行现场安全防护,监管航空器及其残骸。

(1)现场管理是指调查组为保证事故现场不被破坏,制定相应的管控措施并由专人负责,包含安保管理、纪律管理和证据管理。

(2)安全防护是指调查组组长指定专人负责现场的安全防护工作,根据事故现场具体情况,采取有效的安全防护措施,保障进入现场工作人员的人身安全。

三、现场勘查

调查组开展现场勘查前,应确保所有现场危险源已妥善处置,确保每名调查人员了解现场危险源存在的形式和区域。调查组须对现场各种证据,特别是液体、冰、资料、痕迹等易失证据,及时拍照、标记、采样、收集,并做书面记录。机组人员应当保持航空器特别是驾驶舱内的操纵手柄、电门、仪表等设备处于原始状态。

现场勘查包括一般性勘查以及专业调查。

1.一般性勘查

一般性勘查是指调查组勘查事发现场的总体情况,主要包括:事件地点测定、现场地理及环境、残骸基本情况、航空器接地接水状态、现场痕迹、绘制残骸分布图等。

1)事发地点测定

调查组对事发现场的位置必须加以确定和记录,确定撞击点(经度、纬度、海拔高度)、地形地貌、周围环境。如不在同一位置,可以使用卫星定位、航图或空中拍照,确定大部分残骸所在的位置和残骸散布区域的范围。

事发地点测定通常以主残骸位置或者第一撞击点为基准,测量其经纬度和标高,测定其与相邻城市、机场、导航台等主要参照点的方位和距离。

判明事发现场的地形、地物、地貌特征,或者周边的环境、建筑、障碍物等情况。

2)确定残骸分布

调查组应主动多次评估残骸分布的形状及范围,残骸完整性,航空器破坏情况,航空器过火情况,主要残骸、货物、遇难者和幸存人员的位置情况。

首先,调查组应确定航空器主要部件的位置,包括机翼、尾翼、发动机,螺旋桨和螺旋桨叶等。其次,调查组应确定所有的飞行操纵面的位置,包括副翼、方向舵、升降舵、襟翼、配平面、扰流板等。与航空器正常构型进行比较,确定是否有遗失。如缺少主要部件或操纵面,应根据调查需要开展搜寻工作并做好记录。

调查组应绘制事发现场残骸分布图,主要内容:事发现场的地形地貌,第一撞击点、坠地(水)点及各种痕迹,航空器及其主要部件、发动机位置,遇难及幸存人员位置,航迹上的主要散落物,图例和说明等。

现场残骸分布图的主要形式:手绘的直角坐标图和极坐标图。无人机航拍的拼接图可以作为残骸分布图使用。

3)寻找碰撞痕迹和碎片

通过仔细检视地面的痕迹或树木、灌木、岩石、杆柱、电线、建筑等的碰撞痕迹,找到航空器第一撞击点，推断出航空器的航迹和以下信息：下降的方向、角度和速度；受控还是不受控下降；撞地时发动机有无动力；航空器在首次撞地后现场的结构是否完好。

当怀疑航空器空中解体时，调查员应当搜索残骸可能散落的区域，找到所有重要部件，查找有助于分析航空器故障的线索。

当事件与轮胎着地有关，应仔细记录和分析轮胎摩擦的痕迹。应注明每个轮胎印记的宽度和印记颜色的深度。另外，轮胎印记很有可能提供刹车、打滑或侧滑的证据，特别是可能提供水上打滑的线索。

通过观察遇难者遗体，可以辅助佐证有关航空器速度、高度、解体顺序等重要信息。

总之，根据航空器与地面或者障碍物的碰撞痕迹、操纵面位置和仪表指示、残骸破坏和分布情况、伤亡人员的位置和状态、当事人和目击者证词等，综合判断航空器接地（水）时的飞行状态，包括：俯仰角、坡度、航向、航迹角、迎角、侧滑角、飞行速度、高度、下降率及接地（水）角度等，查明航空器与地面、障碍物等碰撞及剐蹭的痕迹。

2.专业调查

专业调查是指调查组根据事件调查分工，各专业小组依据本专业调查内容完成的针对性调查。专业调查普遍在一般性调查之后或者同时开展。各专业小组应根据事件的具体情况，运用所掌握的知识和技能，充分发挥调查主动性，完成调查工作。其中，飞行运行调查、适航维修调查、生存因素调查、空中交通服务调查的工作内容及流程如下：

1）飞行运行调查

主要是对飞行、签派和配载人员技术资质、经历、培训及近期执勤和休息，飞行准备、飞行经过、机组操作处置，运行控制，运行管理、载重平衡、资料文件等情况进行调查。

会同航空医学和人的因素小组，确定机组成员的健康史；会同空中交通服务和适航维修等小组，调查确认飞行经过。

赶赴事发现场前，确定小组组成，确定所需的人力和物力资源；了解事件经过；获取并封存飞行人员执照、体检合格证、培训、检查、技术转升、飞行日志（如有）、最近六个月飞行经历等资料；尽可能收集与事件运行相关的飞行任务书、签派文件、载重平衡表、舱单、加油单、特殊货物告知单等运行类文件；准备调查装备和个人防护用品；明确小组内外联络机制。

到达事发现场后，对现场开展初步勘查；查看冲击痕迹并对航空器进行详细和完整的影像记录；调查记录驾驶舱操纵装置、仪表、跳开关和座椅安全带的位置等；收集并审查飞行运行相关资料信息；收集航空器载重与平衡相关信息；收集与航空器性能相关的信息；访谈机组、现场目击证人和其他相关人员；按需可以乘坐同类航空器飞行沿事发同航线飞行一次,以熟悉事发时的运行环境;按需使用模拟机验证飞行。

现场调查结束后,按需完成试验验证,完成飞行运行事件经过、原因分析、得出小组调查结论、提出安全建议,完成小组调查报告。

2)适航维修调查

应查明航空器国籍登记证、适航证、无线电台执照的情况,查明航空器基本情况,了解航空器运营历史,调查航空器关键系统的工作状态,对航空器结构进行检查,对航空器的设计、制造、维修等情况进行调查,现场尽可能收集快速存取记录器、非易失性存储介质等机载记录装置,开展现场勘查,管理航空器残骸。

会同飞行运行小组确定航空器关键系统的有效性;会同生存因素小组确定机上人员、行李和货物的具体位置,确定机上应急设备的有效性。

赶赴事发现场前,确定小组组成,确定所需的人力和物力资源;了解事件经过;获取并封存航线和定检维修记录、重要修理和改装记录、维修人员和放行人员的资质及授权资料、有关油料、气体、航空化学用品的记录和样品;准备现场勘查的调查装备和个人防护用品;明确小组内外联络机制。

到达事发现场后,开展现场管理,采取必要的保护与防护措施;开展事故现场勘查;开展航空器系统调查、结构调查以及动力装置调查;收集非易失性存储器;收集卫星导航系统的存储器;负责残骸管理;开展适航维修文件调查与维修管理调查;开展航空器及部件设计、制造及适航审定调查。

现场调查结束后,汇总现场调查情况,完成现场勘查报告;组织开展相关试验验证工作,完成试验验证报告;梳理航空器维修经历,审查并分析收集到的所有适航维修信息及调查结果;完成事件技术原因分析、得出小组调查结论、提出安全建议,完成小组调查报告。

3)生存因素调查

应对航空器的适坠性,机上应急设备状况及使用,机上人员情况、伤亡情况及原因、身源、尸体检验、紧急撤离执行情况、客舱安全的执行情况进行调查。

会同适航维修组开展航空器适坠性调查;会同航空医学与人的因素小组开展与人体工程学相关的设计因素、生存因素的调查。

赶赴事发现场前,确定小组组成,确定所需的人力和物力资源;了解事件经过;获取并封存机组的应急生存训练记录、旅客清单、客舱记录本、乘务人员体检合格证和培训记录;准备调查装备和个人防护用品;明确小组内外联络机制。

到达事发现场后,根据CREEP原则,从机体、束缚装置、能量吸收、环境、事故后情况等方面开展现场勘查工作;记录所有机上人员的受伤情况,根据伤亡情况绘制客舱幸存旅客布局图,核对机上人员的具体位置及周围环境;尽快与机组以及机上幸存旅客开展访谈工作。

现场调查结束后,按需完成试验验证,提出和生存因素相关的分析、结论及安全建议,完成小组调查报告。

4)空中交通服务调查

对空管人员资质、经历、培训及近期执勤和休息,管制工作经过,管制工作录音,管制(监视)雷达视频录像,通信导航,飞行计划,管制设备,航行情报服务,管制工作文件等情况进行调查。对起降机场、备降机场、飞行空域、航线及事发现场有关的气象信息等情况进行调查。

赶赴事发现场前,确定小组组成,确定所需的人力和物力资源;了解事件经过;获取并封存空中交通服务人员执照、培训记录、体检合格证和休息情况,收集通信、导航、监视设备的运行维护记录信息,工作环境情况;准备调查装备和个人防护用品;明确小组内外联络机制。

到达事发现场后,调阅管制监控雷达录像和管制现场监控,确定航空器飞行状态,确定管制员工作状态;调查空管工作现场,特别是管制工作现场和工作环境;获取工作现场文件及资料,查阅相关文字、音像资料和数据信息;对起降机场、备降机场、飞行空域、航线及事发现场有关的气象预报、实况、危险/灾害性天气,气象记录、本地区气象特点、气象设施设备以及气象工作人员资质等情况进行调查。

现场调查结束后,按需完成试验验证,完成空中交通服务的经过、分析原因、得出小组调查结论、提出安全建议,完成小组调查报告。

四、现场残骸管理

在现场调查时,调查组应做好残骸收集、重要残骸处理工作。当现场调查结束后,调查组应做好残骸运输、保管及移交工作。

(一)残骸的收集

调查组应尽量查找和回收航空器的所有残骸,并集中到指定地点。残骸收集过程中应当记录其来源和接收时的状态,注意避免残骸的二次损坏。

(二)重要残骸的处理

可能为查明事发原因提供证据的残骸都应当作为重要残骸,例如有疲劳断口的零部件、异常的损伤机件、有空中起火或者爆炸特征的构件,以及所有能反映飞行状态、操纵面位置、发动机状态等情况的残骸。调查组对重要残骸应当采取重点保护措施。

对有污染的重要残骸应当由专业人员进行处理,去除可能有腐蚀性的污染物,对容易腐蚀的部位加以保护。处理时不应当改变其原始状态。

对散落的电门、灯泡、仪表等小件重要残骸应当分别装入包装袋,袋上注明发现位置和状况。其他重要残骸也要用标签加以必要的说明。

(三)残骸的运输

运输残骸时,应当注意避免受到新的损伤。大件残骸可以分解后运输,但分解时要选择与事故原因无关部位,并尽可能少地改变其原始状态。残骸在分解和运输中造成的损坏和变化情况应当详细记录。残骸的分解、装运应当在调查组的监控下进行。

(四)残骸的保管

现场调查结束后,残骸应当妥善保管,特别是重要残骸,要统一保管在组织事件调查的部门指定的存放地点。未经组织事件调查的部门批准,任何单位和个人不得擅自处理残骸。

(五)残骸的移交

当航空器或其部件不再为调查所需时,调查组应解除监护并将其移交残骸所有人或所有人指定的残骸接收人。

五、证人访谈

证人访谈是指调查员以现场、电话或书面的形式向能为事件调查提供信息和支持的人员进行的问询。证人通常包括:当事人、幸存者、目击证人、管理人员和当事人同事及亲属等。证人访谈的目的是获取事实信息,但不宜将访谈结果作为唯一证据使用。根据工作需要,可以进行多次访谈。

证人访谈主要包括计划、开场、正题、现场小结和证实五个组成部分。

(一)访谈计划

调查员在访谈前应做好准备工作,包括但不限于:

(1)确定参与访谈的人数及人选。

（2）尽快了解整个事件概况。

（3）与飞行运行、适航维修、飞行记录器和应急小组密切协调,确定访谈大纲。

（4）确定访谈对象、访谈时间、访谈场所、访谈内容、记录方式等相关要素。

（5）必要时考虑邀请相关专家参与访谈。

（6）采访过程中要注意收集证据、资料。

证人访谈通常采用询问的方式。访谈时不宜采取集体访谈的形式,被访谈人数不宜过多。多名调查员访谈时,须确定主提问调查员及其他调查员的提问顺序。

如果无法立即组织访谈,可以请证人提供书面陈述资料。如果访谈的目击证人较多,可以采用电话或邮件等形式进行访谈。

（二）访谈开场

调查员应在开始访谈前向证人做情况说明,包括介绍调查员、确认证人身份,介绍保密原则、访谈目的和过程等。

（三）证人访谈

1.访谈当事人

当事人访谈应该在事发后尽早进行,应选择安静舒适且不被打扰的场所。如果当事人在事件中受伤,访谈人员在访谈前应征得医生的同意。

访谈内容主要包括:

①当事人的个人信息;

②事件经过描述,当事人在此次事件中的角色及事发时的判断、决策、处置和效果;

③当事人在事发时使用的操作程序,以及单位要求的操作程序;

④当事人的工作特点、任务、职责、范围、工作负荷及相应的技能、知识要求,此前遇到这种特殊情况的经历等。

2.访谈目击者

目击证人访谈应尽快在事发后目击证人的观察位置进行。收集其所了解和感受的所有信息,一般包括事发的时间(年、月、日、时甚至分、秒)、地点、事发经过(飞机飞行情况,如高度、航向、姿态、不正常现象);事发时目击者所在的位置与行动等。

3.访谈专业人员

专业人员一般是指管理人员、教员、管制人员和系统设计人员等。访谈内容主要包括了解当事人的工作背景、培训情况、运行政策和实施情况等。

4.访谈亲友

询问当事人的睡眠、社会活动和其他情况,以及其对工作、同事和单位的看法等。

(四)现场小结

访谈结束时,调查员要对证人证词的关键陈述进行总结,证人需要在访谈记录上签字。每份访谈记录前应附上访谈概要,概要应该包含对相关信息的可靠性评价。收集证人可能提供的物证。

(五)证实

将不同证人证词进行核对,当证人证词和实物证据相悖,以实物证据为准;当可测量的数据与证人描述性的数据相悖,以可测量数据为准。

第三节　试验验证

一、试验验证的概念

对于事件调查中尚存的疑点或尚需证实的信息,需要在整理分析现场调查获得的信息、资料、证词、证据的基础上,进行必要的试验验证,以进一步取得更加充分的信息,为事件原因分析提供完整依据。试验验证是事件调查中获得事实信息的重要手段。

二、试验验证的工作内容

试验验证项目通常包括:飞行数据验证分析、飞行模拟、仿真再现、失效分析、非易失性存储器数据分析、机载设备测试、航空器系统检测、航空器性能验证、航化产品理化性能检测、雷达数据验证分析、残骸拼接检查、图片影像分析等。

试验验证工作通常需要使用特定的设备、系统或测试平台,由具有适当资格的专业技术人员操作,在专业技术机构进行。整个试验验证项目应当在调查组的监督管理下进行。所有验证工作,特别是拆卸和测试阶段,均应记录和拍照,保存证据。

试验验证的程序一般包括：项目确定、机构选择、人员选派、试验件获取、试验件包装运输、试验计划方案制定、试验验证实施、试验数据分析、试验报告编写等。

第四节　报告撰写

一、调查报告的概念

国际民用航空组织《飞机事故和事件调查手册》（DOC 9756）描述：航空器事故调查报告是开始采取预防发生相同原因的事故的必要安全行动的基础。因此，事故最后报告必须详细列明发生了什么事情、如何发生和为什么发生。最后报告的调查结果、原因和/或促成因素应得出安全方面的建议，从而采取适当的防范措施。

中国民航局的调查手册描述：调查报告是调查组以书面的形式，对民用航空器事件的发生过程、基本事实、原因分析、调查结论以及针对存在的安全问题、安全隐患提出的改进建议所进行的叙述和论证。

作者认为调查报告不仅是对事故发生全过程进行全面的描述，还要涵盖所有调查的相关问题。调查报告不仅要对事故产生的原因进行全面、深入、科学、细致的分析，还要对事故结论进行准确或者恰如其分的阐述，更重要的是针对事故提出针对性较强、具有更广泛现实和深远意义的安全建议。

调查报告通常是组织调查的部门依据各专业小组的报告编写而成。调查组组长负责按照统一的标准、格式、内容和要求编写报告，并对报告的完整性和质量负责。

二、调查报告的分类

通用航空事故技术调查过程中，根据事故调查的时间顺序，调查组应该撰写并提交的报告有：初步调查报告、小组调查报告、最终调查报告和资料报告。

（一）初步调查报告

根据《国际民用航空公约》规定，在事故发生之日起30天内，调查组织国须向国际民航组织和参与调查国发送初步调查报告,其内容通常为当前所获取的事实信息,不包括事故原因分析及结论。调查手册规定,对于最大重量在2250千克以上的航空器事故,或者最大重量在2250千克以下但涉及适航性或其他国家所关心问题的航空器事故,组织事件调查的部门应当在事发后25日内完成初步调查报告,并以电报形式提交民航局航安办。

(二)小组调查报告

小组调查报告是最终调查报告的重要组成部分。根据分工,调查组在专业小组完成现场调查和专项试验、验证后,小组组长应组织小组成员对掌握的各种证据和事实进行认真研究和分析,并完成小组报告。

小组调查报告一般包括引言、调查、分析、结论和安全建议在内的五部分。其中引言包含小组组名、组长和成员的姓名、职务(职称)、单位部门及调查任务分工等。调查包含小组调查过程的简述;调查中获得的所有事实信息;各种试验报告等。分析包含分析各种事实与事件结果之间的逻辑关系;对其他影响航空安全的因素进行分析;指出调查中尚未解决的问题等调查中采用的新的、有效的分析方法或调查技术。结论包含小组基于查明的事实信息,得出小组调查发现和结论等。安全建议包含基于已查明的任何安全方面的问题,列出已采取的和将要采取的安全改进措施等。

小组调查报告应由每位小组成员审阅并签名,提交调查组。调查组组长应组织召开小组报告评审会,审查专业调查小组的调查任务是否完成,审查小组报告的全面性和准确性,研究解决调查中存在的不同意见。

(三)最终调查报告

《民用航空器事件技术调查规定》规定,调查组组长负责组织编写调查报告草案。草案完成后,由调查组组长提交给组织事件调查的部门审议。民航局、地区管理局的航空安全委员会或者其授权的部门负责审议调查报告草案,并形成最终调查报告,通用航空事故调查报告模块组成见图3.3。

最终调查报告通常包含事实情况、原因分析、调查结论、安全建议在内的四部分内容。根据事故的复杂程度,报告中也可包含必要的附件和调查中尚未解决的问题。

(1)事实情况主要描述事发经过、人员伤亡情况、飞机损坏情况、其他损坏、人员情况(机组人员、维修人员、其他人员)、航空器情况(适航证件、飞机基本情况、加油情况)、天气情况、通信情况、载重情况、现场勘查情况等必填项。除此之外,还可以添加其他特殊项,如证人访谈等询问笔录。

（2）原因分析主要针对调查发现的异常情况进行描述，对各个异常情况进行分类整理，分模块描述撰写。

（3）调查结论主要分为调查发现和可能原因两部分，其中调查发现和可能原因分别采取分类枚举描述的方法进行撰写。

（4）安全建议主要采取枚举的方法进行撰写，从安全建议1至安全建议n分类列举。

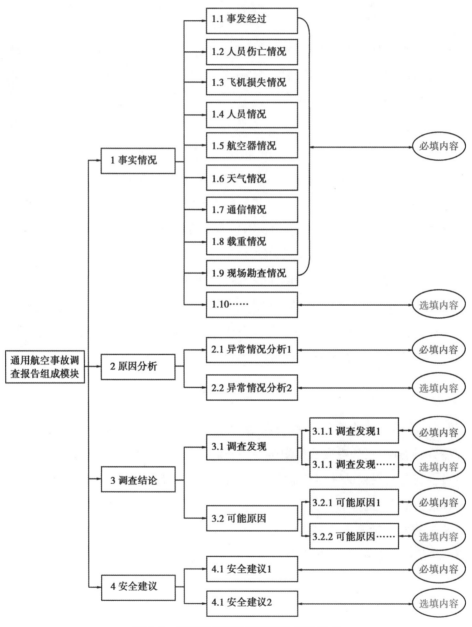

图3.3　通用航空事故调查报告模块组成

(四)资料报告

在完成调查并公布最终调查报告后,组织事件调查的部门应当对事故/严重征候资料进行整理。调查手册中规定,对于最大重量在2250千克以上的航空器事故或最大重量在5700千克以上的航空器严重征候,在完成调查并公布最终调查报告后,组织事件调查的部门应当对事故/严重征候资料进行整理,提交民航局航安办。

通用航空事故
现场勘查

章 节 导 读

　　通用航空事故现场勘查是指调查员运用科学方法和技术手段,对事发现场的天气环境、航空器残骸、痕迹等进行查找、鉴别和提取证据的活动。

　　通用航空事故现场勘查工作中,调查员通常需要运用物理、化学、力学、医学等自然科学的知识,以及飞行原理、航空器构造、痕迹检验等专业知识。必要时,现场勘查提取的证据,例如不明液体、疑似金属疲劳部件等,还需交由具有专门检验资质和能力的单位进行进一步检验并出具鉴定结论。

　　通过对事故现场的实地勘查,调查组可以发现和提取证明事故发生、发展过程以及事故结果的直接证据,为判断事故性质、查明事故原因提供可靠的科学证据。

　　本章中,编者通过对通用航空事故现场勘查方法、通用航空事故现场勘查技术进行重点介绍,帮助调查员梳理事故现场勘查的工作流程,掌握事故现场勘查的技术手段,让调查员在时间紧、压力大、任务重的情况下,能有序、高效地完成现场调查工作。

学习目标

知识目标:

1.学习通用航空事故现场勘查基本方法。

2.学习通用航空事故现场勘查常用技术。

能力目标:

1.熟练运用通用航空事故现场勘查基本方法。

2.熟练掌握通用航空事故现场勘查常用技术。

素质目标:

1.培养调查员勇敢面对困难,不怕吃苦的精神品质。

2.帮助调查员树立科学发展观,掌握科学方法论。

第一节　通用航空事故现场勘查方法

　　事故发生后,组织调查的部门必须尽早对调查任务的强度和调查范围进行评估,以便确定调查组的规模,获取调查所需的适当专业人员。相较于运输航空来说,通用航空运行存在"低、慢、小"的特点。因此,一般情况下,通用航空事故现场范围相对较小,事故现场情况相对简单。在这种情况下,组织调查的部门往往安排一名或多名调查员组成的调查组实施小规模现场调查。调查组组长负责调查的组织、实施和报告工作,同时参加具体的调查工作。由于通用航空因航空器种类繁多、作业类型多样,故调查组在开展通用航空事故现场勘查时可按照"一般性勘查+作业类型+航空器类型"的形式进行。根据通用航空事故现场情况,调查组选取适用的通用事件调查检查单。

一、一般性勘查

　　一般性勘查是指调查组必须完成的基础调查,调查员应收集的证据包括事故现场信息、飞机最后飞行状态、航空器基本情况和运行资料等。一般性勘查检查单见表4.1。

表4.1　一般性勘查检查单

项目		内容	确认	日期
1	一般性勘查	事故地点测定通常以主残骸位置或者第一撞击点为基准,测量其经纬度和标高,测定其与相邻城市、机场、导航台等主要参照点的方位和距离。		
		判明事故现场的地形、地物、地貌特征,或者周边的环境、建筑、障碍物等情况。		
		残骸分布的形状及范围,残骸完整性,航空器破坏情况,航空器失火情况,主要残骸、货物、遇难者和幸存人员的位置情况。		
		根据航空器与地面或者障碍物的碰撞痕迹、操纵面位置和仪表指示、残骸破坏和分布情况、伤亡人员的位置和状态、当事人和目击者证词等,综合判断航空器接地、接水时的飞行状态,包括:俯仰角、坡度、航向、航迹角、迎角、侧滑角、飞行速度、高度、下降率及接地(水)角度等。		
		查明航空器与地面、障碍物等碰撞及剐蹭的痕迹。		

续表

	项目	内容	确认	日期
1	一般性勘查	绘制事故现场残骸分布图,其主要内容为:事故现场的地形地貌,第一撞击地点、坠地(水)点及各种痕迹,航空器及其主要部件、发动机位置,遇难及幸存人员位置,航迹上的主要散落物,图例和说明等。		
2	航空器基本情况	查明航空器国籍登记证、适航证、无线电台执照情况。		
		查明航空器机体、发动机、螺旋桨的型号、生产日期、使用小时数和循环数/起落数。		
		调查航空器运营历史。		
		机载维修记录、缺陷/故障保留、FLB。		
		直升机外挂或舱内设备的种类、状态。		
3	运行控制资料收集	收集下列文件及相关记录: (1)飞行任务; (2)起飞电报; (3)陆空通话录音,内通电话录音及文字资料; (4)雷达录像; (5)GPS数据; (6)天气信息; (7)载重平衡表。		

二、作业类型

通用航空作业类型繁多,不同的作业任务需要装配的机载作业设施设备也大相径庭。下面是根据作业类型划分,调查组需要使用的各类事故现场勘查检查单。通用航空器事故现场勘查检查单——物探作业见表4.2。

表4.2　通用航空器事故现场勘查检查单——物探作业

	项目	内容	确认	日期
1	外装设备	确认事故现场是否发生放射性泄漏。		
		寻找外装设备位置: (1)种类; (2)型号; (3)件号; (4)长度。		
		确认外装设备的损伤情况。		
		确认外装设备是否与障碍物发生刮碰。		
		外装设备重量和重心位置,紧固情况以及是否影响应急释放装置。		

续表

项目		内容	确认	日期
2	舱内装置	确认舱内装置信号分析装置安装位置。		
		确认舱内装置信号分析装置重心位置。		
		寻找舱内装置信号分析装置存储设备,交与物探单位进行数据分析,确定经度、纬度、高度等飞机状态信息。		
		确认舱内设备是否连接飞机电源,是否对飞机电源有影响,设备是否存在电气故障。		

通用航空器事故现场勘查检查单——电力巡线见表4.3。

表4.3　通用航空器事故现场勘查检查单——电力巡线

项目		内容	确认	日期
1	吊挂装备	飞行服务类型包括吊挂线圈、吊挂作业、吊挂商业宣传等。		
		确认吊挂装备的损伤情况。		
		确认吊挂装备是否与障碍物发生刮碰。		
		确认吊挂装备是否安装正确,是否影响应急释放装置。		
		确认带电水冲洗装置。		
2	机载吊舱	确认机载吊舱安装位置。		
		确认机载吊舱重心位置。		
		寻找电子吊舱存储设备,摄像设备交与巡线甲方进行数据分析,确定经度、纬度、高度等飞机状态信息。		
3	机舱内设备	确认舱内设备安装是否正确、牢固。		
		确认舱内设备是否连接飞机电源,是否对飞机电源有影响,设备是否存在电气故障。		
		作业时,机上人员("机组人员+巡线员")、巡线设备分布,是否影响飞机重心。		

通用航空器事故现场勘查检查单——农林喷洒见表4.4。

表4.4　通用航空器事故现场勘查检查单——农林喷洒

项目		内容	确认	日期
1	农林喷洒装备	农林喷洒设备是否获得适航审定。		
		确认直升机加装农林喷洒设备集成式或便携式设备。		
		确认加装农林喷洒设备后,对飞机重量和重心等因素的影响。		
		确认主承载受力部件是否有裂纹。		

续表

项目		内容	确认	日期
1	农林喷洒装备	确认农林喷洒装备是否按照设计安装方案执行。		
		确认农林喷洒设备、飞机是否与障碍物发生剐蹭。		
		确认农林喷洒舱内设备的安装状态,开关位置,操作方式是否影响飞行员操控飞机。		
2	药箱	确定药箱的安装位置。		
		确认直升机农林喷洒药箱实际位置。		
		确认加油量与加药量总重是否超出飞机功率限制。		
		药物是否对人体有副作用,如导致头晕、困倦等影响飞行操作的现象。		
		对作业区域周边空中环境进行勘查,电线、树木等空中障碍物情况。		

通用航空器事故现场勘查检查单——水上作业见表4.5。

表4.5　通用航空器事故现场勘查检查单——水上作业

项目	内容	确认	日期
水上作业	水文信息(浪高、温度、洋流等)。		
	使用水域为江、河(水流方向、水流速度、涌、浪、水位)。		
	使用水域为湖、海(涌、浪、潮汐、水位)。		
	使用水域周边地形对风速、风向的影响(侧风、气流)。		
	使用共用水域时的水面观察、判断、选择。		

通用航空器事故现场勘查检查单——休闲娱乐见表4.6。

表4.6　通用航空器事故现场勘查检查单——休闲娱乐

项目	内容	确认	日期
休闲娱乐	确认操控面板是否处于正确位置。		
	确认飞机设备是否不正常开启或关闭。		
	确认飞机飞行轨迹和姿态。		

通用航空器事故现场勘查检查单——训练飞行见表4.7。

表4.7　通用航空器事故现场勘查检查单——训练飞行

项目		内容	确认	日期
1	训练的组织	训练的组织(按照批准的运行手册查阅训练的飞行计划、各种训练科目天气标准、飞行四个阶段实施情况)。		
		训练的指挥。		
		军民合用机场的相关协调事项、保障协议签订情况。		

续表

	项目	内容	确认	日期
2	航空器	训练飞行航空器要求、飞机记录本、维修记录、放飞情况、燃油加注情况。		
3	教员	教员资质(熟练检查、近期经历、特殊机型理论培训情况)。		
		教员不安全记录。		
4	学员操纵	学员训练科目。		
		学员首飞时间。		
		学员带飞阶段。		
		学员单飞情况。		
		学员单飞时间。		
5	教员、学员个人状况	身体状况(是否生病)服用药物。		
		睡眠时间与场所,当日训练教、学员执勤时间。		
		饮食情况,情绪与压力状况。		
6	训练基地以及任务种类	训练基地以及场地教、学员是否熟悉,障碍物分布情况。		
		训练任务是否复杂,场内一般训练、特殊科目训练、场外特殊科目。		

三、航空器类型

目前,通用航空作业涉及的航空器类型主要包括固定翼飞机、直升机和水上飞机。根据这三类航空器的不同运行特点,调查组需要使用相应的航空器类型的事故现场勘查检查单。通用航空器事故现场勘查检查单——小型固定翼见表4.8。

表4.8　通用航空器事故现场勘查检查单——小型固定翼

	项目	内容	确认	日期
1	单发飞机	发动机失效应急程序、汽化器加温开关位置(如适用)、飞行仪表失事时指示位置。		
		飞行员资质、重量与重心以及性能计算情况。		
		飞行员个人身体情况,运行压力。		
		飞机飞行记录本、维修记录、燃油加注以及放油情况。		
		运行飞行规则(VFR或者IFR),飞机是否满足仪表气象条件飞行?当天飞行时天气情况。		
2	多发飞机	发动机类型?汽化器加温开关位置(如适用),飞行仪表失事时指示位置?螺旋桨是否顺桨(如适用)。		

续表

项目		内容	确认	日期
2	多发飞机	飞行员资质、重量与重心以及性能计算情况。		
		飞行员个人身体情况，运行压力。		
		飞机飞行记录本、维修记录、燃油加注以及放油情况。		
		运行飞行规则(VFR或者IFR)，天气情况。		
		失事时油门、混合比(如适用)、变距杆(如适用)位置。		

通用航空器事故现场勘查检查单——直升机见表4.9。

表4.9 通用航空器事故现场勘查检查单——直升机

项目		内容	确认	日期
1	直升机运行	确认发动机是否正常工作。		
		确认主旋翼,尾桨是否可正常变距。		
		确认直升机是否挂线等碰撞障碍物。		
		确认直升机负载是否超重。		
		确认直升机是否安装飞行监控设备,如安装,调取飞行监控参数。		
		确认驾驶舱内各操纵设备状态(如:油门、桨距、电门、跳开关、刹车、脚蹬等)。		
		确认在当天实际操纵时直升机是否超出最大起飞重量、重心是否在限制范围。		
		确认在失事时直升机飞行规则(VFR或者IFR),该型直升机是否具备仪表气象飞行能力。		
2	直升机系统	直升机各系统检查(操纵系统、主旋翼系统、反扭矩系统、动力系统、传动系统、燃油系统、滑油系统、航电设备、动静压系统、液压系统、增稳系统、防冰系统、着陆装置、记录器系统)。		
		驾驶舱是否配备CVR与FDR,驾驶舱内各操纵设备与仪表、开关位置。		
3	直升机事故常见问题	刮碰障碍物、低旋翼转速、桨叶失速、后行桨叶失速、桨叶过度挥舞、地面共振、涡环、动力失效、低过载、主轴冲撞、动态翻转、尾桨失效、丧失尾桨效应、系统故障、目视飞行进入仪表气象条件、水面低飞产生错觉,汽化器结冰、夜间飞行丢失目视参考、结冰、野外场地落地与起飞下洗气流导致沙盲与雪盲(丢失外界目视参考)、山区运行进入复杂状态(严重颠簸、强下沉气流以及风切变)、自转训练低空下降率偏大重着陆等。		

通用航空器事故现场勘查检查单——水上飞机见表4.10。

表4.10　通用航空器事故现场勘查检查单——水上飞机

	项目	内容	确认	日期
1	水上飞机	确认浮筒舱是否渗漏、有水。		
		确认浮筒行李舱门是否盖好。		
		确认水舵是否正常。		
		确认水上飞机是否在适宜的水域内运行。		
		水上机场设置(跑道设置、安全区设置)。		
		水上运行标准(水文条件、气象条件、水上起飞落地SOP)。		
		水上飞机起飞性能。		
2	生存因素	水上应急准备。		
		水上救援准备情况。		
		确认飞机所有座舱门是否关好(解锁状态)。		

第二节　通用航空事故现场勘查技术

针对现场调查,每一名调查员需要在有限的时间内承担繁多的现场调查任务。调查组在事故现场展开现场勘查时,需要现场完成的工作主要分为收集现场证据的原始状态。

因此,熟练掌握现场勘查相关技能可以帮助调查员快速、准确、全面地完成现场痕迹、证据的收集工作。以下着重介绍在现场勘查中,调查员必然使用的通用航空事故现场勘查技术。

一、现场拍照

现场拍照是调查过程中的一项重要内容。调查组可以通过照片记录事发现场证据的原始状态,并将其应用于调查报告之中,体现报告中的信息,证实调查组的结论。因此,图像清晰、层次分明的照片对调查工作的开展至关重要。每名事故调查员都必须具备基本的摄影知识,这保证每名调查员都能够拍摄出优质的照片。除此之外,调查员应定期参加摄影内容培训或者咨询专业调查员,持续提升自身拍摄水平,以求在事故现场拍摄出更加优质的照片。

(一)选择拍摄器材

在选择拍摄器材时,调查员应该铭记一点:航空器事故现场并不总是处于方便的地方。调查员无法预判设备运输距离,现场操作的艰苦条件,或者现场是否有电源、电话/网络信号等。因此,调查员应该尽可能选择紧凑轻巧,携带方便,在任何条件下都容易使用的拍摄器材。

1.照相机

照相机应耐用、可靠,且必须具有完成摄影需要的完备功能。照相机的按键应易于操作,即使调查员戴手套时亦然。照相机快门应与外接电子闪光灯同步。镜头应有足以适应大多数情况的变焦范围,而且应该具有拍摄的微距能力,即拍摄特写镜头的能力。调查员应保证照相机电力充足,且配有备用电池。目前,调查工作中主要使用的照相机类型有数码照相机、单镜头反光式照相机以及带有拍照功能的智能手机。无论所选的照相机是哪一种类型,关键是拍照的人必须具有在恶劣条件下进行户外拍照的经验。

(1)数码照相机。目前的市场产品通常是全自动的,能自动变焦和调光,多配置变焦镜头,有的具有微距能力,多使用电子媒介存储。这类照相机普遍功能齐全,外形小、重量轻,使用方便。并且它在恶劣天气条件下也能使用。因此,对于摄影新手的调查员,数码相机是极好的选择。

(2)单镜头反光式照相机。镜头和胶片之间的镜子或光感应器,通过镜头将光导向聚焦屏,摄影者用它来调整照片的构成和焦点,故有此名。其实,就是照相机看到什么,摄影者就能看到什么。这是迄今为止市面上功能最多的照相机,加上适用的配件,可以处理事故调查中几乎所有的拍摄任务。它的有效使用对摄影者的知识和经验要求最高。单镜头反光式照相机有使用常规胶卷和电子媒介的两种。

(3)具有拍照功能的智能手机。现代智能手机小巧轻便,且不断改进相机功能,增强拍照效果。对于调查员来说,智能手机可以实现照片实时编辑、蓝牙无线传输等功能。并且,调查员可以使用智能手机的摄像功能,记录事故的消防和救援活动,记录事故现场勘查情况,以及残骸搬移等。因此,智能手机是一个很好的备用,主相机失灵时可以顶用。

2.照相机配件

使用相应的配件可以让残骸拍摄工作更加容易,帮助调查员改进照片质量。下列是对调查员有用的配件。

（1）镜头。配镜头可以是辅助性的,加套在相机主镜头上;或者是可以换用的:将主镜头取下,装上另一个镜头。一个35mm的数码相机,配28mm至135mm的变焦镜头,同时具备微距聚焦能力,是理想的配置。

（2）闪光灯。闪光灯对弥补强烈日光下的阴影十分有用。大多数数码照相机和多种单镜头反光式照相机都有内置闪光灯。这为昏暗光线条件下使用提供了补充照明,但通常光线不够强,无法弥补强日光下拍照时的阴影。由于它们是相机的一部分,摄影者使用时无法控制打光的角度。对于调查员而言,最好的配件闪光灯是可以从相机上摘下来并进行独立瞄准的。泛光灯、摄影灯或具有暗光能力的摄像机适合于夜间或低能见度条件下的现场拍照。

（3）照相机支架。照相机最常用的支架是三脚架,可以选择既轻便又结实的那种。其应该具有全程高度调整刻度,包括将照相机紧贴地面的功能,以使调查员能从地面拍摄残骸特写照片。

（二）现场拍摄内容

（1）事故现场拍照的一般规则,是从最易灭失的证据开始,一直工作到最不容易灭失的证据。事故现场常见的易失证据有:冰块、油渍。

（2）记录现场消防和救援活动。将摄像机置于三脚架上,镜头回收以覆盖整个现场。开机后让它保持持续拍摄。如果有不止一部摄像机,在不妨碍反应活动的情况下,争取以尽可能多的视角进行拍摄。

（3）火被扑灭,宣布调查员可以安全进入事故现场后,应立即拍摄现场痕迹,其包括:航空器或残骸地面碰撞痕迹、树木和植被损坏情况、刹车痕迹(长度、宽度和深度)、螺旋桨打地痕迹。如果有遗体,应该拍摄相关人体照片并编制目录。

（4）拍摄事故现场的整体图片,其中包括:从基本方位拍摄现场地面景象、从航空器撞地时的飞行方向拍摄现场、事发现场的地形、地貌(包括现场中被损坏的设施、设备、建筑、植物等)、航空器的运动轨迹(包括从顺向、逆向和垂直方向)、失火的规模和位置。调查员可以利用无人机从空中对事故现场进行整体拍摄。

（5）拍摄现场残骸。调查员应拍摄能展示部件坏损、裂口表面和证据标记的照片。调查员决不可试图重新组合断裂部分,因为这样做可能摧毁裂口表面,扰乱故障原因的证据。当残骸从现场搬离,或被搬动以便接触其他证据时,应确保在移动残骸之前进行拍照。每当大块残骸被移出现场,应用摄像机记录准备运输、装车、搬移和在目的地放置的过程。每当组部件被拆卸或切开时,尽可能用录像机记录这些过程。其他需要记录的重要证据项目包括火情痕迹、结构性断裂、驾驶舱手柄/电门位置等的证据。

(6)拍摄现场环境。调查员应快速记录现场环境条件,其中包括:能见度、阳光角度、云层等。这能帮助调查员发现有任何因天气、阳光角度、目视错觉或缺乏目视参考促成事故的可能性。并且,调查员可以通过按照相同环境条件进行模拟试验,尤其是如果调查的是可控飞行撞地事故。

(三)现场拍摄技巧

(1)要拍好照片,调查员必须考虑五个变数:画面构成、物体照明、镜头焦距、光圈大小和快门速度。熟悉照相器材是关键,并建议在不利条件下进行实践。除了在事故和事故征候培训课程或教室条件下拍照外,调查员还可以与工业消防队员或刑事调查单位进行交叉培训,以提升经验。

(2)画面构成,是指照片中物体的布局。下面是对有效构成的若干提示。取景要近,尽可能让物体填满画框,排除题外的细节和干扰。这一点在现场拍照中并不总能做到,因为调查过程中可能损坏其他证据。为了避免这个问题,发现每件残骸及干扰元素后首先拍照,然后用材料将干扰元素盖住或将残骸移至无干扰背景处另行拍照。一块明暗或颜色形成对照的帆布,可以提供一个好的背景。在照片里拍下一个米尺、皮尺或铅笔等已知尺寸的常见物体,使检视者对物体大小有个概念。从几个不同的角度拍照,以保证摄入所有必要的信息。调查员可以立即检视照片,看是否包含了必要的信息,技术质量是否足够。

(3)物体照明,是指加强物体曝光量。拍摄残骸的最佳照明是柔和、分布广泛而匀称的光线。阴天通常是完美的。暗影不会模糊细节,泛光不会造成过分的亮点,或是使金属表面发出干扰性反光。事故现场也许不具备这些条件,所以调查员必须用其他办法控制光线。如果一小块残骸在日光下,按发现时的条件拍照。用天光滤光镜或相机的白平衡,消除阴影典型的浅蓝晕色。最后,调查员可以用闪光灯弥补任何阴影。大多数自动相机加闪光灯的组合,都会设计在强烈日照下补偿阴影的装置。

(4)镜头焦距,是指镜头光学后主点到焦点的距离,是镜头的重要性能指标。大多数现代照相机是自动对焦,允许调查员取消自动对焦功能,改为手动对焦。一般程序是选定物体最重要的部分,对准该部分进行聚焦。然后通过相机取景窗选定画面构成,拍照。如果相机是自动对焦的,可能有一个"聚焦锁"功能,允许调查员对画面选定部分锁定焦距,然后重新构图。

(5)光圈,是指一个用来控制光线透过镜头进入机身内感光面产生光量的装置,它通常在镜头内。光圈的作用在于其决定镜头的进光量,F后面的数值越小,光圈越大,而进光量也就越多;反之,则越小。简单地说,在快门速度(曝光速度)不变的情况下,光圈F数值越小光圈就越大,进光量就越多,画面就比较亮;光圈F数值越大光圈就越小,画面比较暗。在暗光下,调查员使用大光圈;相反,在强光下则选择小光圈。大多数现代照相机具有光圈自动选择功能。有时候,调查员发现手动选择光圈更有利。选用大光圈将减少图像的景深。反之,缩小光圈(叫作"降光圈")。完整的光圈值系列如下:f/1.0,f/1.4,f/2.0,f/2.8,f/4.0,f/5.6,f/8.0,f/11,f/16,f/22,f/32,f/44,f/64。

(6)景深,是指图像可接受焦距内最近点至最远点的距离。调查员可以利用所有镜头的这一特点,为己所用。虽然选择小的光圈可以使图像中的每一样东西达到可以被接受的焦点,但是调查员可能会放大光圈,故意让照片中某些干扰元素失焦,使观察者的注意力集中在图像构成的某个单一元素上。如果你选择手工控制光圈大小,就需要选择适当的快门速度。照相机可能被设计为自动搭配。可查阅相机使用说明书"光圈优先"曝光操作条。

(7)快门速度,是指控制光线射向胶片或感应器的时间量。快门速度通常用秒分数表示,在大多数相机上,速度选择键用递减分数刻度(1,1/2,1/4,1/8,1/16,1/30,1/60,1/125,1/250,1/500,1/1000,1/2000,1/4000等),每进一位数,速度就变为前一位数的一半。有几种选择适当快门速度的技巧。胶片或选定的电子感应器敏感度速度1/(ISO速度),这通常是一个好的开端速度。例如,胶卷速度为ISO 100的,其使用1/125秒的快门速度。

为了防止因相机晃动产生模糊影像,我们应选用一个至少为1/(镜头焦距长度)的速度。使用的镜头焦距长度为100毫米时,使用的快门速度至少为1/100秒或1/125秒。如果你选择手工控制快门速度,就需要选择适当的光圈大小。对此,照相机可能被设计为自动搭配。可查阅相机使用说明书"快门优先"操作条。

本节介绍了事故调查拍摄器材选择、事故现场拍摄内容和拍摄技巧。除了上述内容,为了能在事故现场拍摄出尽可能好的照片,调查员仍需做好以下方面:调查员需要阅读照相机说明书和专业摄影技巧书籍去进一步获取拍摄知识;调查员要反复练习使用配备的拍摄器材,确保熟悉拍照技巧和照相机功能;调查员要经常使用拍摄器材,确保它们正常运作。

二、机载飞行数据调查

现代航空器会安装许多基于计算机的电子系统。为在启动时就能被使用,这些系统包含了之前设置的或内部计算得出的数据信息。限值是预先设定的,其会与运行过程中的值进行对比。在关机(或断电)后,这些"记录"保存在一个特殊的集成电路记忆芯片(即非易失性储存器)中。飞行数据记录器使用非易失性记忆电路进行记录,并且可能直到记录器"硬化"仍储存着相关数据。如果没有因撞击而发生硬化,许多其他电路板和集成记忆芯片与储存在其中的数据就会被保存。调查员应了解航空器上的非易失性存储器系统,并找出这些系统。

调查员在知道电子存储数据存储在非易失性存储器中时,无论是在何种情况下发现系统的,都应准备好辨认、处理、找回和运输特定的电路。最好的情况是系统本身在遭受撞击力以及事故后的恶劣环境的条件下仍能使用。此时,应由制造商的调查专家找回整个系统并进行拆卸。这可能是最好的防护措施。如果某些情况下,损害范围较广,电路板可能会与系统箱分离,这可能需要对其进行专业化处理。

(1)不能连接电源。当存在非易失性存储器时,调查过程中,应在为系统供电前将其中的数据取出。一旦开始供电,其可能被初始化,事故序列中电源中断时存在的数据会因此而消失。

调查员需要特别注意的是,如果发现任何疑似含有非易失性存储器的电路板与其原有的安装盒分离,处理时必须十分小心。事故现场的布罩或风可能会产生静电,与电路板接触可能将静电电荷带至电路中,戴皮制工作手套也无法避免静电转移。如果发现了电路板,调查员应检查记忆芯片,因为电路板的一个角落在设计时为无电流区域,便于组装人员在安装运行时触摸该电路板。该角落为电路板仅有的能触摸的一部分。如果有疑问,应由系统专家进行找回。

(2)如果浸泡在水中,就不能让其接触空气。电路板和集成电路非常容易受到腐蚀。当其暴露在淡水或海水中时,可能受到腐蚀,当浸泡之后再暴露在空气中会受到更严重的影响。如果可能,询问制造商是否应将组部件从海水移至淡水中,或者将所有组部件浸泡在海水中。一些制造商偏向于建议将组部件浸泡在同一类型的水体中,因为他们认为仅仅将组部件从一种环境移至另一种环境也会加速腐蚀循环。如果无法向制造商咨询,调查员可以将所有组部件浸泡在与找到这些组部件时同一类型的水体中,然后尽可能快地将其移至检测设备,进行数据恢复。

(3)在"无静电"塑料袋中储存。如果从陆上环境中找回与系统外壳分离的非易失性存储器电路,应将其置于无静电的塑料带子中进行运输。这种塑料袋通常在计算机供应店可以获得,其数量和大小应足够放置预期找回的组部件。一旦放在塑料袋内,应保护组部件不会意外接触静电。

(4)不要拆卸含有非易失性存储器的组部件。所有非易失性存储器和含有非易失性存储器的系统组部件在运行时应尽量减少运行次数,以避免存储器中记忆改变。如果电路板与系统外壳一起被发现,应切断系统上部分缆索,以避免对连接器进行处理。如果可能,缆索应一根一根地切断,而非所有缆索一起切。如果连接器或者圆柱形插头裸露,应避免接触该组部件,因为一旦与其接触,就会建立连接,放电或静电均可能改变其存储的记忆。

如果发现非易失性存储器电路因撞击或撞击后的环境受到损坏,调查员应合理审慎地进行处理。在特殊情况下,如果无法读取数据,则需要专业的实验室从受损芯片中获取数据。虽然该方法耗时且费用高昂,但如果调查员实施了以上所述的预防措施,则可通过微电子技术恢复部分数据。

三、撞击痕迹调查

调查员应该找到航空器第一次撞地的痕迹。根据这些痕迹和残骸分布,通常可以确定航空器哪一部分先撞地。通过仔细检查地面的痕迹或树木、灌木、岩石、杆柱、电线、建筑等物体上的碰撞痕迹,可以推断出航空器的航迹。固定物体如机翼翼尖、螺旋桨或起落架,在撞地点会留下典型痕迹或破碎残片。地面撞痕结合树木或灌木折断的高度,有助于确定航空器碰撞地面的角度和高度。检查事故遇难者和航空器的内容,也可以帮助确定撞地时的角度、高度和速度。一般扭曲和结构的"套筒"状况,将使调查员能够推断出航空器坠毁时的速度。

低速撞地通常只发生局部性损坏,而高速撞地机翼和机尾则会变得扭曲、萎缩。航空史上还发生过航空器完全埋在深坑里,仅有几块扭曲的碎片散落在撞地现场周边的情况。坑的两边滑出短而直的沟,说明是在飞行速度极高、几乎垂直坠落时外翼前缘撞地所致。如果发动机没有插进地里,其垂直下降的速度可能小,但航空器可能是在小角度高速飞行,而在这种情况下,残骸会沿第一次撞地痕迹一路抛散很远。如果残骸沿飞行轨迹散布很广,则说明飞机在撞地前部分结构已经解体。通常,我们能初步进行以下设想:①下降的方向、角度和速度;②是可控还是失控下降;③撞地时发动机有无动力;④航空器在首次撞地时的结构是否完好。

我们将针对残骸受损的程度给予一些初步提示,以便以后的详细检查能够获得足够的证据。如果怀疑飞机在空中结构已经解体,在做调查规划时,必须确保搬移残骸之前,查出所有有助于表现主要故障的信息。在这种情况下,航空器残骸可能散落于几公里的林地、田野、沼泽或建筑区而难以确定其位置。搜索方应该梳理该区域,不停搜索,直到找回所有重要组部件为止。调查组可以协调当地有关部门配合搜索,同时告知搜索人员只报告残骸碎片位置但不触碰残骸。这将使调查员得以分析和确定这些碎片坠落地面的准确位置。低密度、重量轻的独立部分,在事故发生时往往会随风向漂移,而高密度物体则受风力的影响较小,了解这些知识,我们就可以节省寻找航空器碎片位置的时间。搜索人员不应触碰或搬移任何残骸碎片,直到:①已记录其位置;②在未受损部位贴上了识别编号,或者在小型碎片上贴上标签;③此前已记录碎片撞地的方式、地面的性质,以及碎片有无碰撞树木或建筑物。

这种笔录对以后的详细检查非常有用,可以帮助我们区分撞地造成的损坏和其他形式的损坏。对于事故现场没有找到的航空器的任何部分,应对其进行专门搜索;仍然找不到的,必须将其记录在案。

如果事故与航空器轮胎有关,应仔细记录和分析轮胎摩擦的痕迹。应注明每个轮胎印记的宽度和印记颜色的浓度。轮胎印记很有可能提供刹车、打滑或侧滑的证据,尤其可以提供水中打滑情况的线索。轮胎遇水打滑,可以在跑道上留下非常分明的白色印记。这是轮胎遇水打滑过程中胎下推力造成刮地所致。

绝不应忽视的一点是航空器事故的遇难者,如果用对航空器残骸同样的客观方式对其进行分析,则可以揭示有关航空器速度、航空器触地时的高度、航空器解体顺序等的重要信息。

四、航空器失火调查

对航空器失火现场进行勘验的标准方法包括初始现场评估、建立初步火势蔓延假设、失火现场详细勘验、失火现场重建,以及确定最终的火势蔓延假设。通过实施这些步骤确定起火点。在确定起火点的过程中,标准的方法是对调查活动进行规范和引导,而不是限制。要充分考虑火灾事故的各个方面(如证人陈述、灭火过程等)。个人的经验和专业知识,对于起火点的确定也非常重要。

使用失火调查检查单对收集的各种数据信息进行分析,可以至少作出一种关于起火点的假设(如某飞机货仓起火)。但在实际操作过程中,调查组往往会作出多种假设。调查早期建立的假设将作为"待验证"假设,在调查过程中,通过不断收集新的数据信息,对假设进行反复检验验证,最终达到去伪存真的目的。起火点假设检验需要用到调查中掌握的全部数据信息,同时还需要运用火灾动力学基本原理,开展火势蔓延分析。在这个过程中要注意,不要局限在疑似起火部位处的最初起火物和有效引火源上。有时,如果初期认定的起火部位是错误的,那么也会导致火势蔓延分析出现错误,最终得出错误的认定结论。例如,锂电池可能过热自燃,但是要引发火灾,锂电池必须位于火势连续发展蔓延的路径上。如果锂电池被单独放置,且其所在部位周边没有其他可燃物,火势不可能蔓延。通过火灾蔓延分析,可以检验起火点假设是否与现场烧毁情况和掌握的数据相吻合。

对起火点假设进行检验时,要对掌握的证据和数据信息进行总体把握,找到并确定能与所有已知证据和数据信息相吻合的假设。如果一个假设貌似合理,但是无法满足其中一些数据信息,应当考虑是检验假设出现了错误还是数据信息出现了错误。有时也可能存在通过单个证据就可以准确认定起火点的情况。这类证据包括目击证人、视频监控等。

在确定起火点的过程中,火灾调查员往往需要同时开展多项工作(如现场照相、询问证人)。同样,调查过程中科学方法的运用(数据的收集与分析,以及假设的提出与验证)是持续不断的,这并不是一个彼此独立的过程。

针对有些火灾事故,我们可能无法确定认定起火点。但是,无法确定起火点并不意味着失去了建立辩证性起火点和起火原因假设的可能性。

起火点的确定必定涉及对火灾痕迹的识别和解释。火灾痕迹是整个火灾的发展过程的记录,但是应当注意,随着火势的蔓延,之前产生的痕迹会发生变化或者消失。确定痕迹产生的先后顺序是确定起火点的关键。这一过程中,我们需要收集火灾痕迹的相关数据,对痕迹特征进行梳理分析,并准确地对各个痕迹产生的先后顺序进行排序,从而准确分析并确定起火点的位置和火势蔓延情况。

失火调查小提示:起火源往往位于确定的起火点或其附近。

五、残骸分布图绘制

在对事故现场进行一般性勘查并拍摄照片后,实际调查的第一步,往往是绘制残骸分布情况。简而言之,这样做的方法,是测量主要残骸及散落残骸碎片,包括航空器信息、幸存者和遇难人,以及所有碰撞和地面擦痕的距离和方向,然后将这一信息按比例记录在图表上。

虽然在很多事故中,编制残骸分布图被视为完全属于调查员能力范围内的一项任务,但如果GPS绘制尚未完成,则应在事故情况造成残骸广泛散布时,考虑聘用专业人员提供测量服务。

编制完整准确的残骸分布图非常重要。它不仅可以帮助调查员梳理事故发生顺序，也可以作为调查始终的参考文件，成为支持书面报告的最重要的文件，存入调查档案。在确定应纳入任一具体事故残骸分布图的信息类型和数量时，调查员必须以围绕特定事故的情况为指导，但在大多数情况下，分布图应该记录所有主要组件、部件、附件和货物的位置，发现事故遇难人或幸存者的位置，甚至确定其身份。最初的撞击痕迹和其他地面痕迹也应在图上标明，并适当标注，以识别出现痕迹的航空器部件和组件。如果地形特点可能对事故或结构件损坏的类型或程度有影响，那么这些也应在残骸分布图上注明。相关的尺寸、描述性注释，还有拍摄照片的位置，也能充实分布图的完整性。

绘制残骸分布草图可以用不同方法完成，但以下是一些运用简单方法绘制残骸图的例子：

（1）当残骸集中在一个小的区域时，可以从残骸中心点测量距离和（磁）方向，我们可以使用极坐标图（图4.1）。

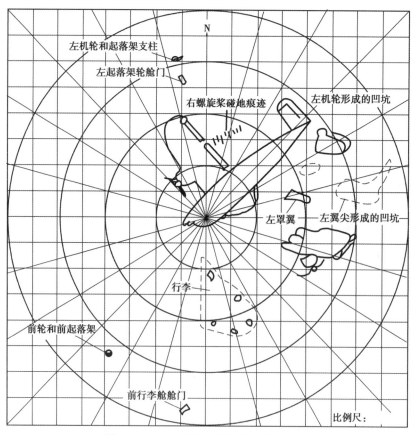

图4.1　×××号机飞行事故残骸分布

（2）残骸分散时，通常可以根据地形沿主要残骸踪迹划出基线，从参考点沿基线测量距离，接着垂直测量从基线到散布残骸碎片的距离。然后，根据这一信息按适当比例制图。绘制简图用方格纸。

如果残骸碎片多，可以简化制图格式，用一个字母或数字标示每个项目，同时编制适用的索引，收入图表。

>>> >>> 模块五

通用航空事故
调查分析

章 节 导 读

　　在如航空业这样复杂、交互频繁和防范严密的运输系统中,事故很少只是单单源于一线运行人员的不安全行为,事故往往是系统中存在的一系列潜在因素交互作用的结果。从管理到监督决策,再到维修活动和驾驶员的行为,都可以找出可能解释原因事件序列的人的因素。

　　人的因素可能会以三种方式涉及事故。第一种方式是人的某种不安全行为直接导致事故。这种情况往往是运行人员在事故现场的显性失能造成的,其常常被称为"运行人员、用户或驾驶员错误"。第二种方式同样会造成相关人员被直接卷入事故,即作为具有不安全条件的用户。第三种方式是先前的不安全行为或隐性失能,间接促成不安全行为或不安全条件。最后一种卷入事故的方式凸显了不安全行为和不安全条件之间的相互关系或关联,因此,这就需要考虑各个层面的潜在原因和促成因素。

　　下面将介绍几种模型:SHEL 模型、REASON 模型、人为因素分析与分类系统(HFACS)和运行系统4层防御层分析法,它们可帮助调查员搜集和分析相关事件信息,从而确定各个层面的潜在原因和促成因素。

学习目标

知识目标:

1.认识几种分析模型的基本组成、结构及原理。

2.通过案例分析熟悉模型的使用方法和分析过程。

3.理解事故诱因的复杂性和多层次性。

能力目标:

1.正确掌握几种分析模型的基本原理和构成。

2.运用模型及其组合对典型案例进行事故诱因分析。

素质目标:

1.培养提升调查员的责任感和公正感。

2.培养调查员具有正确的认识和掌握正确的方法。

第一节 SHEL模型

一、模型介绍

SHEL模型的概念首先由 Elwyn Edwards 教授于1972年提出，Frank Hawkins 于1972年用图表描述了该模型，该模型有助于形象地描述航空系统中各因素间的相互关系，是根据传统的"人—机—环境"系统发展而来的。SHEL模型专门用于描述航空系统中各个组成部分之间的关系。

人员—硬件（L—H）：当提到人的因素时，普遍考虑的是人员和机器之间的相互作用。它决定了人员如何与物理工作环境相互作用。如设计适合人体的座位；显示适合于用户感官和信息处理的特征；方便的控制活动、编码和位置。

人员—软件（L—S）：L—S接口是指人员与其工作场所中支持系统之间的关系。如规章、手册、检查单、出版物、标准操作程序和计算机软件。典型的如"用户友好界面"。

人员—人员（L—L）：L—L接口是指工作中人与人之间的关系。如机组成员、空中交通管制员、机务维修人员、其他运营人以团队形式工作。

人员—环境（L—E）：此接口指人员与内部、外部环境的关系。内部工作环境包括内部温度、周边环境、噪音、振动、空气质量及内部企业文化等。外部工作环境包括政治经济方面的限制。

根据图5.1所示的SHEL模型，以人的因素为中心，列出SHEL与人之间的关系。人的因素处于中心位置，为了减轻影响人员表现出的压力，必须理解处于中心位置的人与处在其他方框中的模型因素之间的相互作用。为了减少系统中的潜在事故因素，系统中的其他部分必须和人员紧密结合。由于安全文化贯穿于整个不安全事件发生的全过程，因此在安全文化层面要对硬件、软件、

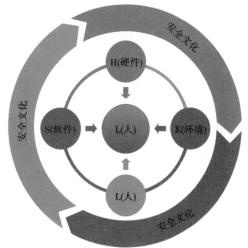

图5.1 SHEL模型

人件、环境四个方面进行安全文化分析。

二、案例分析

【案例简介】2021年×月×日,某飞行训练学校D42 B-××××号机在××机场执行本场执行训练任务,使用18号跑道,天气良好。11:28(北京时间,下同),在起飞滑跑阶段,速度70节左右,机组准备带杆抬前轮时,机头下沉,触地滑行261米后,停止在跑道上,导致飞机左右发动机螺旋桨、机头、机腹等多处损伤。机上带飞教员1名,学员1名,机组实施紧急撤离,无人员受伤,机场跑道设备无损坏。11:30,××机场启动紧急救援,开展处置与跑道适航性检查。11:47,某飞行训练学校机务人员将B-××××号机推出跑道;12:24,××××机场恢复正常运行。之后,在机场上空盘旋等待的某飞行训练学校的3架DA40飞机和试飞院1架塞斯纳C208飞机相继安全落地,停止训练。

【原因分析】图5.2为通过SHEL模型分析的事件原因。

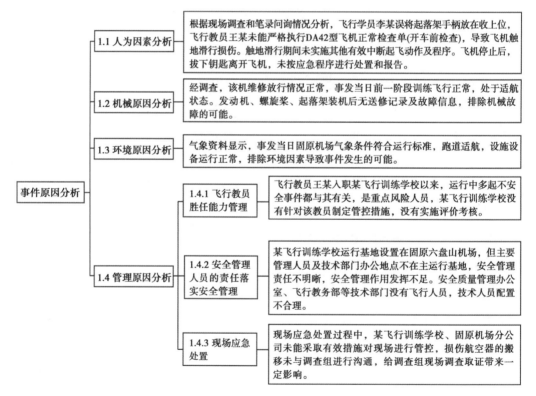

图5.2 SHEL模型分析

第二节　REASON模型

一、模型介绍

James Reason提出的这个框架解释了人如何能够促成像航空业这样复杂、交互频繁和防范严密的系统的崩溃。在Reason看来,事故很少单单是一线运行人员自身的显性失能或不安全行为引起的,而是由系统中早已存在的一系列缺陷或隐性失能之间的交互作用造成的。当不安全行为与系统中存在的隐性失能交互作用并冲破了系统的所有防护措施时,就会表现出事故发展轨迹,从而造成发生事故的"窗口期"(图5.3)。

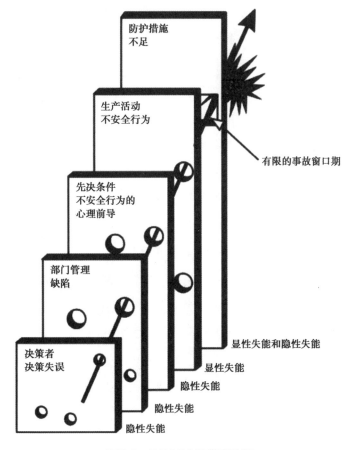

图5.3　REASON模型分析

(一)显性失能

显性失能是一种具有即刻负面影响的差错或违章。显性失能通常是由一线运行人员的不安全行为造成的,它以很多形式出现,由于差错,无法将它们全部消除。例如:驾驶员提起起落架手柄而不是襟翼手柄就是这类失能的例子。

(二)隐性失能

隐性失能是事故发生前就作出的一个决策或行为导致的,其负面后果可能会潜伏很长时间。这类失能的源头常常是在时间和空间上远离事件的决策者、监管者或部门经理。作出了"两家公司"合并的决策,却未能同时提供运行程序标准化的培训,此为隐性失能的一个例子。这些失能也可以在系统的任何层面因人的状态而产生,譬如有关工作积极性不高的政策。

隐性失能源自可疑的决策和不正确的行动,尽管它们在独自出现时不会产生损害,但它们之间的交互作用会给驾驶员、空中交通管制员或维修人员造成事件"窗口期",使其犯下显性失能的错误,从而击破系统的各个防线并产生事故。一线运行人员是系统缺陷的承受者,正是他们才会亲身经历技术故障和不利条件,或者通过自己的行为使系统中的隐性失能显露。在一个防范体系严密的系统中,隐性失能和显性失能将产生互动,但通常不会突破防护措施。如果防护措施发挥了作用,就只是一个小问题,或者充其量是一个事故征候;当防护措施失去作用时,则会发生事故。通常情况下,管理层的错误决策,部门管理人员的缺陷和基层工作的既有条件,就构成了系统的隐性失能。

(1)高级管理层的决策。这些隐性失能中,包括高级管理层、航空公司管理者或监管机构官员作出的决策。在分配资源时,管理层不得不平衡安全和成本等方面。这些目标可能构成冲突,并导致有缺陷的决策,而这些决策会反映在整个系统中。

(2)部门管理层的缺陷。管理决策(包括有缺陷的管理决策)必须通过标准运行程序、培训计划、飞行和机组排班等,由部门管理层加以实施。如果这一层面也存在缺陷,将提升这些管理决策导致事故的可能性。例如,派遣一个对运行条件理解不深入的人员,可能会因为该人员试图遵循一项不符合实际情况的政策而危及安全。

(3)既有条件。如果系统中存在某些特征或先决条件(如缺少生产力的环境、积极性不高或不健康的工作人员队伍、运行状态不佳的机器、漏洞百出的程序等),它们将影响一线运行人员的行为,成为不安全行为的源头。

(4)防护措施。在一个复杂的、防范严密的系统中,这些隐性失能可能隐藏了很长时间而没有对安全产生严重影响,因为非常有效的防护措施(如检查、程序或 GPWS)使这些缺陷能够在不引发严重后果的情况下存在于系统中。

二、案例分析

【案例简介】2019年,某通用航空飞机在××机场,机组两人执行以熟练飞行为目的的飞行训练任务。××机场天气适航,使用跑道 27 号,该机于北京时间12时40分请示开车,12时54分起飞,12时55分高度100米,报告一转弯,12时58分报告三转弯,12时59分报告五边,塔台管制员下达"可以着陆"指令,高度50米左右,飞机航电系统数次发出"TOO LOW GEAR"语音警告声(待核查舱音记录器),机组未能识别,继续进近,直到飞机在一米高度拉平,接地前,某通用航空指挥员目视观察飞机起落架状态异常,指挥其拉升复飞,13时,飞机由于高度太低,无法拉升,机组立即放下了起落架操纵手柄,在进跑道约630米处螺旋桨打地,在螺旋桨第一接地点后约650米处跑道内中心线右侧停住,飞机前轮和右主轮部分放出,地面有明显轮胎摩擦痕迹,飞机机腹擦地,螺旋桨损坏,飞机部分部件和机体部分受损,人员安全。

【原因分析】运用REASON模型分析该事件的结果如下:

(一)显性失能

(1)机组盲目追求快速完成科目,导致起落航线过于短小,致使对正跑道剖面高。机组人员的注意力分配不合理,主要集中在消失高度上,而未能在程序上。

(2)机长未持续对飞机状态进行监控,对正跑道准备落地的整个过程中,速度和油门长时间不匹配,但机组始终没有监控飞机的构型。

(3)机组对于程序的执行思想重视程度不够。在完成起落航线期间,漏做进近简令和着陆检查单。

(4)机组对不稳定进近不敏感。第一次听到飞机音响警告后,机组产生疑惑,但机组非但没有果断复飞且依旧带着疑惑强行落地,最终导致其发现问题后已经没有时间复飞。

(二)隐性失能

1.先决条件

塔台指挥员观察飞机状态条件受限,未能在适当位置观察起落架的情况,提醒时机滞后。

放行调配等待时间较长,造成飞行员精力分散,导致执行程序意识淡薄、不严谨。

驾驶舱资源管理不到位,机组未按驾驶舱分工对飞机进行操纵和状态监控,导致其注意力不集中。

2.部门管理

飞行训练组织不严谨,未对间断飞行的飞行员实施带飞训练,机组人员分配不合理。

目视起落航线飞行,未针对该机型制定起落航线飞行检查单,关于检查单的制度不完善。

在可收放起落架和固定起落架飞机的混飞方面缺乏明确的管理程序,没有针对不同机型易混淆的操作程序采取技术恢复措施。

针对间断飞行的飞行员采取的熟练飞行措施不健全。机长对该机型间断飞行时间长达6个月,本次带飞前其未进行熟练飞行。

3.决策不当

公司高管的机组成员搭配不当。由于执行熟练任务的副驾驶为公司高管,其行政管理事务多,工作压力大,飞行精力有限,飞行准备工作不足。而机长驾驶该机型的飞行时间仅为300小时,间断飞行时间长达6个月,本次飞行前未实施带飞训练,有关熟练飞行的措施不完善。

第三节　HFACS模型

一、模型介绍

人为因素分析与分类系统(HFACS)是由美国学者 Douglas A. Wiegmann 和 Scott A. Shappell 共同提出的。Wiegmann 是伊利诺斯大学航空安全研究领域的专家,Shappell 是美国民用航空医学研究所的资深研究员,两人长期从事美国海军飞行事故人为因素调查和研究工作,是著名的人为因素研究专家。

HFACS模型是总结了被普遍接受的六种产生人为失误的观点(认知的观点、工效的观点、行为的观点、航空医学的观点、社会心理的观点、组织的观点),并以REASON模型

（瑞士"奶酪"模型）为基础发展出的一种综合人为因素差错分析的方法。目前在调查飞行事故中人的失误方面逐渐具有权威性。它解决了人的失误理论和实践应用长期分离的状态，已被美国陆、海、空三军和民航组织广泛采用，是航空飞行事故调查中被普遍接受的人为因素分析工具，填补了在人的失误领域一直没有操作性强的理论框架的空白。HFACS模型定义了不安全行为、不安全行为的前提条件、不安全监督和组织影响四个层次的失效（图5.4）。

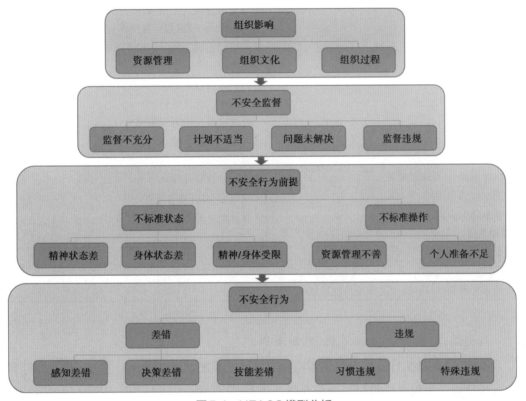

图5.4 HFACS模型分析

（一）不安全行为（"差错+违规"）

操作人员的不安全行为大致可以分为两类：差错和违规。通常情况下，差错代表的是个人的、没有达到预期结果的精神和身体活动。毫无疑问，犯错是人的本性，多数事故数据库的主要内容就是这些不安全行为。另一方面，违规指的是故意不遵守确保飞行安全的规章制度。在实际应用中，通常使用其扩展形式，即包含了三种类型的差错（技能的、决策的和知觉的差错）和两种形式的违规（习惯性的和偶然性的犯规），常见不安全行为的例子见表5.1。

表5.1　常见的不安全行为

差错	违规
技能差错	**习惯性的**
• 扫视中断	• 飞行简令不充分
• 无意中使用了飞行控制装置	• 没有采用空管雷达建议
• 技能/驾驶技术不高	• 飞没有授权的进近
• 过度控制飞机	• 违反训练规则
• 漏掉检查单上的项目	• 边缘气象条件下申请使用目视飞行规则
• 漏掉程序中的步骤	• 没有按照起飞手册操作
• 过度依赖自动驾驶	• 违反命令、规章和标准操作程序
• 注意力分配不当	• 告警指示灯亮后没有检查飞机
• 任务超过负荷	**偶然性的**
• 消极的习惯	• 执行没授权的战术机动
• 没有看到并加以避免	• 不合适的起飞技巧
• 走神	• 没有获取正确的气象简令
决策差错	• 超过飞行器包线
• 机动/程序不当	• 没有完成飞行计算
• 没掌握系统/程序的知识	• 冒不必要的危险
• 超出能力范围	• 过时的/没资格的飞行
• 紧急情况处置不当	• 没有授权的峡谷低空飞行比赛
感知差错	
• 视觉错觉导致	
• 失定向/眩晕导致	
• 错误判断距离、高度、空速和能见度导致	

1.差错:决策差错、技能差错、感知差错

决策差错:指执行的行为计划不符合当前情景要求,分流程出错、选择出错及问题解决出错三类。决策差错可以分为常见的三类:程序错误、选择不当和问题处理差错。首先,决策差错的程序差错或者规则差错,发生在高度结构化的任务中。当事态没有被识别出来或者被错误识别,并应用了错误程序时,差错仍然会出现,并且时常出现。例如:当飞行员面临如起飞过程中发动机失效等时间紧迫的紧急情况时,上述情况就会容易出现。其次,由于在航空领域,不是每种情况都有相应的处理程序。因此,多数情况下需要在多种对策中选择一种。特别是当经验不足、飞行时间不多或者面临其他的外界压力时,极易出现选择差错。最后,也会产生理解问题不彻底的情况,此时就没有正常的程序和对策可供选择。例如,当面临从未遇见的情况时,相关人员需要在短时间内作出决策,很多时候不得不凭感觉飞行,这样就会产生处理差错。

技能差错:指在技能行为上的失误,如注意力分配不当、记忆错误等。例如,飞行教员在空中给学员讲解动作要领时,由于两人都全神贯注于交流很可能没有人注意到飞机正在危险下滑;在飞行中出现紧急情况的压力下,漏掉紧急情况处理程序的关键步骤;机组在进近时仍然会忘记放下副翼或者是放下起落架。

感知差错:指飞行员对当前情景中的信息认知不当而造成的差错,如对视觉、空间信息理解偏差导致判断错误,典型的表现为飞行员对错觉和定向障碍的错误反应。例如,很多深信不疑的飞行员都经历过"黑洞"进近,未想到性能良好的飞机竟然撞到地面或者水面上。在夜里飞过漆黑的、地表特征不明显的地形(如湖泊或者一棵树也没有的空旷的地方)时,会产生飞机高度比实际高度高的错觉。因此,飞行员都会被教导在飞行时要依赖他们的主要飞行仪表,而不是外面的世界,特别是在进近飞行阶段。即使如此,有些飞行员在夜间飞行时还是没有监控好他们的仪表。

2.违规:习惯性违规、偶然性违规

习惯性违规是指由于违规行为持续时间长,出现频率"习惯成自然"进行违规操作,这一类违规操作很有可能导致事故发生,但往往被大部分人或监管组织接受。例如,经常比法律允许的飞行速度快5～10英里/时飞行,或者那些被授权允许在目视气象条件下飞行却经常在勉强能飞行的临界气象条件下飞行。

偶然性违规指的是与个人行为习惯或组织管理制度无关的、偶然出现的违规。偶然性违规与个体典型行为模式无关,也不被管理者容忍,而且难以被预测。例如,训练飞行中常出现的超低空飞行、大范围超限飞行等。常见的不安全行为见表5.1。

(二)不安全行为的前提条件

根据冰山理论,导致事故的不安全行为背后存在各种诱因,最直接的诱因就是不安全行为的前提条件,包括操作者状态、环境因素和人员因素。

1.环境因素

物理环境——操作环境(如气象、高度、地形等),也指操作者周围的环境,如驾驶舱里的高温、振动、照明、有毒气体等。物理环境对飞行员的影响包括:导致空间定向障碍以及感知差错、降低飞行员的注意力水平,致使决策过程延长,甚至导致飞机失去控制等。

技术环境——包括设备和控制设计、显示及界面特征、检查单编排等一系列情况。例如,高度可靠的自动化设备会导致飞行员产生过度信任设备或自满的状态,使得他们甚至在"常识判断"与自动化设备的建议相左时,仍然按照自动化的指示去做。相反,不太可靠的自动化设备会使飞行员不信任、不使用它们,即使使用该自动化设备比没有使用该自动化设备时绩效更好,他们也不用。

2.操作者状态

精神状态差——身体疲劳,失去情景意识,工作中自满、飞行的警惕性低等。其中,最主要的是缺少睡眠和其他应激源导致的情景意识缺乏,过度关注任务,注意力不集中以及精神疲劳。此外,还包括个人的个性特征,如自负、自满等。

生理状态差——指妨碍安全操作的个人生理状态,包括生病、缺氧、身体疲劳、出现幻觉、方向感差等。

身体/智力局限——指操作要求超过个人能力范围时出现的情况,如视觉局限、休息时间不足等。例如,人类的视觉系统在黑夜中会受到很大限制。

3.人员因素

机组资源管理——在执行任务过程中,飞行、空管、维修及保障等部门自身及相互间信息沟通不畅、团队合作较差等。

个人准备状态——没有遵守机组休息的要求、训练不足、飞行之前执行了干扰个体认知的任务。例如,违反机组作息规定,不遵守饮酒时间间隔限制,私自用药等都会影响其身心状态,诱发差错或事故。常见的不安全行为的前提条件见表5.2。

表5.2　常见的不安全行为的前提条件

操作者状态	人员因素	环境因素
精神状态差 • 失去情景意识 • 应自满激 • 自负 • 飞行警惕性低 • 任务饱和 • 警觉(睡意) • 不惜一切代到达目的地 • 精神疲劳 • 生理节律紊乱 • 注意范围狭窄 • 精力不集中 **生理状态差** • 生病 • 缺氧 • 身体疲劳 • 极度兴奋 • 运动病 • 服用直接在药店买的药的结果 **身体/智力局限** • 视觉局限 • 休息时间不足 • 信息过量 • 处理复杂情景的经验不足 • 体能不适应 • 缺乏飞行所需才能 • 缺乏感官信息输入	**机组资源管理** • 没有充分地进行汇报 • 缺少团队合作 • 缺乏自信 • 飞机、空管等自身及相互间的通讯/合作不畅 • 错误理解空管的呼叫 • 没有领导才能 **个人的准备状态** • 没有遵守机组休息的要求 • 训练不足 • 自行用药 • 下班后过度刻苦 • 饮食不好 • 风险判断方式不良	**物理环境** • 气象 • 高度 • 地形 • 照明 • 振动 • 驾驶舱有毒气体 **技术环境** • 设备/控制装置设计 • 检查单编排 • 显示/界面特征 • 自动化

(三)不安全监督

不安全监督通常包含监督不充分、运行计划不适当、没有纠正错误和监督违规,常见的不安全监督见表5.3。

表5.3　常见的不安全监督

监督不充分	运行计划不适当	没有纠正问题	监督违规
• 没有提供适当培训 • 没有提供专业指导/监督 • 没有提供当前出版物/足够的技术数据以及程序 • 没有提供足够的休息间隙 • 缺乏责任感 • 被察觉没有威信 • 没有追踪资格 • 没有追踪效能 • 没有提供操作原则 • 任务过重/监督都没有受过培训 • 丧失监督的情景意识	• 机组搭配不当 • 没有提供足够的简令时间/监督 • 风险大于收益 • 没有为机组提供足够的休息机会 • 任务/工作负荷过量	• 没有纠正不适当的行为/发现危险行为 • 没有纠正安全危险事件 • 没有纠正行动 • 没有汇报不安全趋势	• 授权不合格的机组驾驶飞机 • 没有执行规章制度 • 违规的程序 • 授权不必要的冒险 • 监督者故意不尊重权威 • 提供的文件证据不充分 • 提供的文件证据不真实

1.监督不充分

任何成功的组织都有健全的专业指导和监督。监督者的职责是为全体员工提供指导、培训、领导、监督、激励,并且不惜一切代价确保工作安全高效的完成。监督不充分的情况包括监督不当或缺少监督等。

2.运行计划不合理

运行计划不合理会造成机组面临无法克服的风险,主要包括机组配备不当、没有提供足够的指令时间、任务或工作负荷过量、没有为机组提供足够的休息机会、不合理的任务安排和人员支配等。

3.没有纠正错误

一旦出现管理层未纠正错误以及违反纪律的行为,安全氛围就会被扰乱,助长违规现象的发生,最终发生事故。

4.监督违规

管理者或监督者有意违反现有的规章、程序及原则,如允许没有资格、未取得执照的

人员飞行等。虽然这些情况很少出现，但是难以避免，所以在规则之外，要不断建设完善企业的安全文化。

(四)组织影响

组织影响层的因素在事故调查中是最深层的因素，也是最容易被忽略的因素，但是其影响力却很大。上层管理人员的不合理决策会直接影响监督实践，同时会影响操作者的状态和行为。其通常包含资源管理、组织氛围和组织过程三类。

1. 资源管理

关于人力、资金、设施设备等资源的分配、维护和管理决策通常基于经常相冲突的两个目标——安全目标和效益目标。在特定条件或时期（如经济处于下行阶段），对两个目标进行取舍就会导致资源管理不当。

2. 组织氛围

组织氛围指的是影响工人绩效的多种变量。其是指会对组织内工作效率产生影响的因素，如组织架构、文化、政策等。组织氛围的标志是它的结构，这可以从其行政管理系统、授权方式、信息传递通道等方面表现出来。就像在驾驶舱一样，信息传递和协调一致对组织来说也是至关重要的。如果管理层和员工互不沟通，没有人知道谁在负责，那么组织的安全显然要受到损害，事故就可能发生。文化实际上指的是组织的非官方的，没有明说的规矩、价值观、态度、信念和习惯。简而言之，文化是"真正围绕事情的处理方式"。政策是指正式的指导方针，用来指导像招募和解雇、晋升、留职、病退以及对组织的日常事务很重要的其他一系列问题的管理决策。当政策错误、相互冲突或者被非正式的规矩和价值观"排挤"时，就会产生很多混乱。

3. 组织过程

组织过程是指在组织中制定发挥管理日常活动作用的行政决定和规章，包括制定使用标准以及不同管理方面保持平衡的正式方法。例如，组织上层管理人员决定加快操作节奏，可是其大大超出了监督人员的能力范围。因此监督人员别无选择，只能使用不利于员工休息的进度表，或者作出不佳的机组搭配决定，使得机组面临增大事故发生可能性的风险。常见的组织影响见表5.4。

表5.4　常见的组织影响

资源管理	组织氛围	组织过程
人力资源	结构	操作
• 选拔	• 行政管理系统	• 操作节奏
• 人员安置/人员配备	• 信息沟通	• 动机
• 培训	• 监督者的亲和力/吸引力	• 配额
• 背景调查	• 授权	• 时间压力
货币/预算资源	• 行动的正式责任	• 进度表
• 过度削减成本	政策	程序
• 缺少基金	• 晋升	• 绩效标准
装备/设施资源	• 扫墓,解雇,留职	• 明确定义的目标
• 性能差的飞机/飞机驾驶舱设计	• 药物和酒精	• 程序/程序指南
• 采购了不合格的装备	• 事故调查	监督
• 没有纠正已知的设计缺陷	文化	• 制定安全计划/风险管理
	• 标准和规章	计划
	• 组织习惯	• 管理的监视和检查资源、氛围与过程以确保工作环境安全
	• 价值观,信念,态度	

二、案例分析

【案例简介】2009年×月,某通用航空飞机执行本场直角穿云训练。09:28:42,该机使用08号跑道起飞,上升过程中飞机存在右偏且航迹偏右,09:32:12,该机在转弯过程中,进入不稳定飞行状态,飞机先左转下降,然后右转上升,接着下降再次上升,09:33:03,飞机状态得到基本控制。

进近管制员发现异常后立即对机组人员进行了无线电呼叫,随后飞行指挥员及时参与指挥。机组人员反映飞机滑油压力低,指挥员同意了机组26号跑道反向落地的要求。反向进近过程中飞机状态仍不稳定,09:34:44,该机与正常起飞的TB飞机在起飞时间上产生冲突。两机侧向间隔约370米,高度差61米。由于不能建立26号跑道目视进近条件,指挥员指挥该机飞向P(导航台),加入起落航线三边,并引导其切入五边航道,建立着陆形态,09:39:40,飞机安全落地。

当时气象情况:当日09:00天气实况——不定风1米/秒,轻雾能见度1.6公里,少云600米,满天云1500米,温度16度,QNH1011,无重大天气变化。该气象条件符合训练飞行要求。

【原因分析】由于机组没有按正常检查程序对左座电动地平仪进行解锁(推入手柄),而对右座电动地平仪采取了上锁动作(拉出手柄),从而造成两套姿态指示系统被锁死,机组人员由于操作不当造成飞机进入不稳定飞行状态，并与其他飞机产生飞行时间上的冲突。具体原因如图5.5。

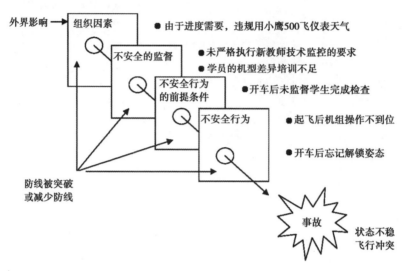

图5.5 原因分析

（一）不安全行为

（1）仪表飞行知识和技能水平低，对特殊情况的判断能力和处置能力差，属于差错中的技能差错。

（2）机组人员遗忘开车检查程序中关于电动地平仪的操作，也属于差错中的技能差错。

（3）当日天气情况轻雾，能见度1.6公里，少云600米，满天云1500米，能见度属于边缘天气，机组在通话中也表示对地观察不理想。因此，在飞机状态不稳定的情况下，机组对外观察可能产生视觉错觉或定向错觉，如果产生了这种错觉，其就应被定义为感知差错。

（二）不安全行为的前提

开车后飞行教员忙于操作GPS导航设备，未能及时监控学员的操作和其对检查单的落实。其没有把握好最后的关口，属于机组资源管理失效情况。

（三）不安全监督

（1）右座教员是名新教员，教学时间是35:03，监控教学飞行时间是5:18，该机型时间11:41。根据单位《运行手册》有关规定，飞行大队未严格执行单位运行手册中有关新教员技术监控的要求,属于不安全的监督中的监督违规。

（2）由于大队人员紧张,其安排并不熟悉该机型的新教师带飞,同时放松了对学员的机型差异培训,属于不安全的监督中的运行计划不合理。

（四）组织影响

由于该机型姿态指示仪表均为电动仪表,飞行大队一直坚持不在仪表天气使用该机型飞机进行飞行,但在其他飞机需要被普查且影响出机数量的情况下,其忽视了此项限制并让飞行进度成为影响安全的变量,其超出了监督人员的监督能力范围。此因素属于组织影响的组织过程缺陷。

第四节　运行系统四层防御层分析法

一、方法介绍

在日常运行和实际调查中,为了有效识别和消除系统中的安全隐患,我们常常结合多个模型进行组合分析或者迭代分析。为杜绝个人的差错或违规行为贯穿整个运行体系防御层,我们可以参考国际民航组织推荐的事故链、奶酪模型、实际漂移等风险分析模型及方法,建立以技术、规章、教育培训和监督四层防御为主的运行系统风险四层防御层分析法。该方法既能应用于事后的事件调查,也能指导事前的运行风险分析（图5.6）。

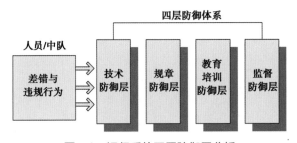

图5.6　运行系统四层防御层分析

（一）技术防御层

技术防御层主要指从工具、设施设备、工作环境及条件、检测手段及方法等方面分析系统存在的技术缺陷并提出改进措施。例如，计量器具超期、缺少合适的专用工具、电子化办公程度低等。

（二）规章防御层

规章防御层主要指从规章、制度、程序、操作规范等方面分析各级制度层面的缺陷并提出改进措施。例如，制度的合理性和有效性、程序的复杂性和实施难度、规范的可操作性、变更和更新的管理等。

（三）教育培训防御层

教育培训防御层主要指从人员和组织的资质、能力、作风等方面分析各类人员的不足并提出改进措施。例如，培训的人力和物力投入、培训内容的针对性、人员对培训活动的看法和态度等。

（四）监督防御层

监督防御层主要指从人员、制度、执行等方面分析安全管理和监督的不足，并提出改进措施。例如，安全管理和监督的投入、监督的针对性及有效性、是否进行整改等。

二、案例分析

（一）事件描述

某维修单位时控人员在更新某磁电机时控卡时，发现时控卡上该磁电机件号（4373）与该机型规定使用的磁电机件号（4371）不符，经上机检查，最终确认该机安装了错误件号的磁电机。

（二）磁电机流转分析

1.事件链分析

经检查发现，该事件的起因是外场中队送修该磁电机时，航材人员在送修单上错误填写了该磁电机的件号（序号记录正确）。而随后涉及的2个单位（维修单位A和维修单位B）共计5个部门（单位A的维修中队、航材科，单位B的市场部、生产科和修理车间）的送修、交接、修理、入库、出库、安装、放行等多个流转环节中,维修人员均未发现该磁电机件号与各单卡登记件号不符,涉及安全管理的多个方面,磁电机具体流转流程如图5.7所示。

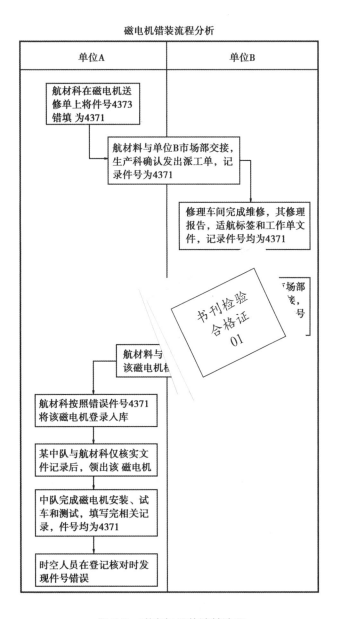

图5.7　磁电机具体流转流程

2.原因分析

从上述流程可以看出,航材管理人员的不安全行为——填写差错引发该事件,但后续运行流转过程中更暴露出两家维修单位管理系统存在的工作程序未严格落实、缺乏必要的复查和监督程序、部分人员存在松懈和侥幸心理等组织缺陷。根据上述模型和理论，并结合本事件实际情况，我们重点从人因和流转环节两方面进行原因和缺陷分析。

1）人因分析

在整个事故链中，航材管理人员在送修单上填写的错误件号是本次事件的起因，而后续相关人员只进行了核实，或者只对实物序号进行了核实，均未严格执行维修工作程序中关于"检查文件是否与实物相符，包括核对件号、序号，检查文件填写是否完整准确"等相关要求，导致此次错装事件的发生。

该过程反映出：维修人员普遍存在麻痹和侥幸心理。由于航材工作通常被认为相对简单、重复性高，压力相对较小，因此航材工作中存在经验主义占主导，程序和规章要求被忽略的情况。

2）流转环节分析

从维修工作程序和流程分析可以看出，虽然维修系统中航材流转管理的环节较多，理论上具有较多的防护屏障，但是过多的串联环节却容易造成人员松懈和责任推诿。特别是处在中间环节的人员会认为已经有人对其检查确认，之后还有其他人检查确认，因此极易出现省略检查步骤、不严格执行工作单卡的情况，最终产生差错或引发事件，这在很大程度上取决于处在最后一环的工作者的能力、态度和责任心等。同时调查发现，虽然流转过程中存在单位A航材科与单位B的两个交接（并联）环节，但实际同样存在人员松懈和责任推诿的情况，违背了系统设计的双重检查增加防御效果的初衷。

（三）模型分析

1.技术防御层

从磁电机在两个单位及其部门间流转可以看出：多个环节都需要人工填写纸质文件，航材管理的电子化、智能化程度不高，为此建议采用本质安全的技术措施。

（1）采用具有高度可靠性的仪器代替人员进行关键数据和信息的录入和比对。在航材流转的关键环节（如送修、入库和出库环节）采用仪器扫描识别航材件号、序号等信息的方法，从源头上避免人为填写差错。

（2）建立航材管理的全流程软件系统。通过信息化系统管理尽量减少不必要的环节和人为操作，同时系统还应具有一定识别差错及报警的功能。例如，将某种特定机型的航材与其他机型进行匹配时产生互斥报警等。

2.规章防御层

（1）合理设置维修流程和环节。评估内、外部流转流程的风险，建立跨部门/单位的航材流转管理系统,减少人工输入环节,提高维修系统运行的可靠性。

(2)规章制度应方便实施。单位在制定的维修手册中有关工作流程及操作规范时,应主动和一线员工进行有效沟通,确保可操作性,避免造成在实际运行中部分程序和规定难以执行。

(3)建立配套的安全管理措施。除了操作程序和规范,还应制定配套的规章程序,包括安全检查、绩效考核以及奖惩制度等,以确保和验证系统的实际运行效能。

3.培训防御层

目前,一线机务维修人员因为人力资源紧张、工作量较大等,存在部分重业务轻培训,以及培训教育中重技术轻安全管理的情况,同时维修单位在培训内容、时间、形式和安排上不太合理,也导致员工对培训教育存在一定抵触情绪。为此建议通过以下措施来提高员工对培训教育的接受度和培训教育的效果:

(1)开展更有针对性的安全培训。通过对日常业务流程的检查与风险识别和分析,发现实际运行中偏离规章及程序的风险点,特别是针对具有一定普遍性的偏离行为和认识,评估危害程度,并及时制定应对措施,针对性地开展安全教育与警示。

(2)丰富培训内容,灵活安排培训时间。培训内容上尽量通过图片和案例来讲解;形式上以小组讨论等形式代替简单灌输;开发基于移动端(如手机)的教育学习平台;根据紧要程度灵活安排培训时间。

4.监督防御层

经常性的监督检查有利于及时发现和纠正员工差错和违规行为。为避免广而大或流于形式的检查,我们建议通过以下措施来开展更有针对性的监督检查:

(1)建立安监和机务两级监督检查制度,并定期比对两级监督检查发现问题的差异,分析原因,及时调整监督检查的对象、方法和手段。

(2)通过收集分析不安全事件数据和重要流程及环节、综合评估人员能力与绩效,确定监督检查的重点对象与内容。

>>> >>> 模块六

调查装备配置与管理

章节导读

　　航空器事件发生后,往往需要调查员第一时间前往事发地组织开展事件调查工作,调查员需要对相关人员、航空器、设备、环境等信息进行全面性调查。而调查工作的开展离不开各种专业的调查装备。

　　2022年6月2日,民航局航安办依据《民用航空器事件调查规定》,并参考国际民用航空公约《航空器事故和事故征候调查手册》等相关规定,修订下发了《民用航空器事件调查设备装备管理办法》(MD-395-AS-04)。该文件的下发,进一步规范了民用航空器事件调查设备装备管理,实现设备装备的合理配置、有效使用、减少浪费,保证调查工作的顺利开展。

　　2022年11月1日,民航局修订发布了《民用航空器事件技术调查规定》(CCAR-395-R3)。其要求,民航局和地区管理局应当做好调查经费的保障,按照有关装备标准配备专用车辆、通信设备、摄影摄像设备、录音设备、勘查设备、绘图制图设备、危险品探测设备、便携电脑、防护装备等必要的调查专用设备和装备,并保持设备和装备的正常使用。民航局和各地区管理局会根据情况使用调查经费为调查员配备相应的调查装备,辅助调查员开展调查工作。

　　本章节中,编者将对事件调查中常用的调查装备使用方法和相关管理要求进行介绍。

学习目标

知识目标:

1.学习调查装备种类和工作用途。

2.学习调查装备日常管理维护方法。

能力目标:

1.正确使用基本调查装备。

2.清楚调查装备的管理程序和维护方法。

素质目标:

培养求真务实、开拓进取的作风。

第一节 调查装备介绍

在实际调查工作中,调查员会根据事件情况选取适合的装备参与调查。根据各调查装备的不同性质与作用,其一般分为以下6个类别:①文件单卡类装备;②电子数码类装备;③勘查测量类装备;④采集取样类装备;⑤人员防护类装备;⑥其他常用类装备。

一、文件单卡类装备

文件单卡类装备是开展调查工作时首先需要准备的。在事件调查响应的初期,调查人员将根据事件性质迅速组成相应的调查小组,收集事件相关资料,以便前往事件现场开展工作。

①调查员证件;

②调查装备快速检查单;

③事件调查组人员名单;

④调查证据封存快速检查单;

⑤事件调查联络表;

⑥《民用航空器事件技术调查规定》(CCAR-395);

⑦调查笔录表;

⑧飞行手册或飞机技术手册;

⑨现场地形图或机场图;

⑩坐标图纸(极坐标,直角坐标)。

二、电子数码类装备

电子数码类装备指的是各类电子数码产品,如拍摄设备、通信设备、存储设备、译码设备等。这些装备在调查工作中主要担任辅助角色,协助调查人员完成拍摄录音取证、现场通信交流、拷贝关键数据和飞行数据译码等各项工作。常见电子数码类装备如下:

①数码相机；

②摄像机；

③执法记录仪；

④数字录音笔；

⑤航拍无人机；

⑥现场通信装备(卫星电话、海事电话、卫星传输设备、对讲机、手机)；

⑦手持扩音器；

⑧笔记本电脑；

⑨飞行记录器译码设备；

⑩便携式放音设备；

⑪便携式打印机；

⑫便携式投影仪；

⑬便携式传真机；

⑭移动存储设备(大容量U盘、移动硬盘、存储卡)。

三、勘查测量类装备

勘查测量类装备指的是在调查工作中用于测量位置、海拔高度、距离、长度、角度等数据的装备。常见的勘查测量类装备如下：

①航空器搜寻设备(ELT应急定位发射机型号搜寻设备)；

②记录器水下定位星标搜寻设备；

③全球卫星定位设备(GPS)；

④气压式高度表；

⑤激光测距仪；

⑥100米卷尺；

⑦100米测量绳；

⑧30米皮尺；

⑨30厘米钢板直尺；

⑩钢卷尺；

⑪水平仪；

⑫电子量角器；

⑬罗盘测角仪；

⑭分线规；

⑮放大镜（10倍、30倍）；

⑯望远镜；

⑰电子内窥镜；

⑱金属探测器；

⑲放射性物质（毒物）探测器。

四、采集取样类装备

采集取样类装备指的是调查时用于采集现场证物的装备，现场证物一般包括固体样本和液体样本，为了及时有效地采集和保存现场证物，需要使用专业的采样工具进行操作。常见的采集取样类装备如下：

1.调查工具箱

折叠刀、剪刀、扳手、螺丝刀、钳子、铁皮剪、试电笔、手锯、撬杆、磁铁、电动钻机、机务反光检查镜、棕刷等。

2.采样工具箱

采样夹、镊子、液体取样棉签、塑封采样袋、采样瓶、无菌瓶、液体采样管、防静电袋、标记挂签、永久性标记笔、不褪色彩色记号笔、注射器、各类胶带等。

五、人员防护类装备

在开展航空器事件调查工作时，事件现场环境往往较为复杂，可能伴随泄漏对人体有害的物质，甚至事发地点处于极端气候环境中，为了避免如放射性物质、易燃易爆物品、腐蚀性物品、有毒物质等危险品和恶劣环境对调查人员造成危害，调查装备中会配备一系列的人员防护类装备。常见的人员防护类装备如下：

1.穿戴类防护装备

一次性血缘防护服、防护靴套、护目镜、口罩、乳胶手套、防割手套、呼吸防护面罩、雨衣。

2.医疗急救包（含药品）

驱虫药、蛇伤药、烧烫伤药、破伤风血清、消毒消炎药、止血药、创可贴、绷带、纱布、酒精棉、防暑抗寒药、感冒退烧药、腹泻药、抗过敏药等。

六、其他常用类装备

除上述几类调查装备设备以外,还有一些其他的常用调查装备,该类调查装备对于提高调查工作效率有着重要作用。常见的其他常用类装备如下:

①调查专用车辆(四驱动越野车);

②现场隔离标志(隔离警戒带、锥形桶、标志桩等);

③应急照明设备(防爆手电筒、照明头灯、探照灯等);

④调查装备背包(双肩背包或登山包);

⑤带标识的调查工作服(冲锋衣、速干衣、保暖衣、防寒服、反光背心、登山鞋、丛林帽子、溯溪鞋等);

⑥简易野外生存工具(帐篷、睡袋、登山杖、攀登绳、锁扣、腰包、水壶、护具、多功能刀具、口哨等);

⑦遮阳镜、遮光镜;

⑧充电宝;

⑨航空器模型;

⑩笔记本;

⑪应急现金。

第二节　调查装备管理

一、调查装备的管理总则

规范的调查装备管理是为了实现设备装备的合理配置和有效使用,避免其被浪费和闲置,保证调查工作的顺利开展。管理内容包括设备装备的选购、安装、调试、使用、维护、调配、更新、报废等工作。一般根据"统一管理、分级负责、落实责任、物尽其用"的管理原则进行管理。由于调查装备属于专用装备,所以未经管理单位允许严禁挪做他用。本章节将对如何管理装备进行介绍,相关内容参照民航局下发的《民用航空器事件调查设备装备管理办法》。

二、调查装备的管理及使用

1.调查装备的管理人员要求

调查装备应当指定专人负责管理,应明确管理责任,确保装备完好且可用。

调查装备管理和使用人员应当接受过技术培训。管理人员应当熟悉调查设备装备的结构、原理、性能、用途以及操作规程,正确使用、检测和维护设备;使用人员应当了解设备的用途和性能,按照操作规范正确使用设备装备。

2.调查装备的入库管理

对初始入库的调查设备装备应进行分类登记,登记内容包括设备装备的编号、名称、装备资产属性(固定类资产、易耗类资产)、装备类别、初始入库时间、初始数量、存放位置等,做到账物相符。

3.调查装备的存放要求

调查装备应当存放在专用库房或地点,存放地点应当满足温度、湿度、防尘、通风、防火、防震、安全等要求,并建立库房管理制度。

4.调查装备的台账管理

在日常工作中应当做好调查装备出入库台账登记,内容包括:装备名称、借出时间、借出数量、借出状况、借用人、归还时间、归还状况等,借用人和管理人员要确认签字。

针对配发的调查员劳动保护装备,应制作装备配发领用清单,由领用人签字,设备管理人员留存。

5.调查装备的维护与清查

应当定期检查、维护和保养调查装备,及时修复损坏的装备,保证调查装备可用性。

当使用完消耗类调查装备,应当及时补充耗材或配备新的装备,确保下一次调查工作能正常使用。尤其是针对具有保存期限或使用期限要求的个人防护装备,以及呼吸器、医疗急救包等装备,应及时补给,定期更换。

对于电子数码类的调查装备,应当定期进行运行和充电维护,对于软件类的调查设备应当定期进行软件更新。

调查设备装备应当每年进行清查。清查内容包括账物是否相符、数量是否足够、装

备是否完好及使用情况明细等。

6.调查装备的购置与更新

随着调查的使用损耗,以及社会的发展和科技的进步,调查设备装备也会面临补充购置与更新换代问题。调查装备的选购应当经过充分调研论证,严格筛选,满足事件调查的需要,具备先进性、适用性和可靠性,避免不必要的浪费与闲置。

调查装备的购置应当按照国家及民航局的有关规定办理。对购置的调查设备装备应当及时安装调试,认真做好测试验收工作,在索赔期、质保期内发现问题要及时处理,避免经济损失。

并且按照固定资产有关管理办法办理登记手续,妥善保管设备购置审批文件、发票、使用手册、保修卡等资料。

7.调查装备的调配

调配调查装备时应当办理交接手续,装备调出单位应当向调入单位说明设备装备状况,调入单位应当对设备装备进行检查确认。对于未列入固定资产的耗材的划拨,调出单位和调入单位须有交接记录。

使用调入装备期间,调入单位应当负责调入装备的维护和保管,使用完毕应当及时归还。

8.调查装备的报废

调查装备的报废应当按照固定资产管理的有关规定办理。装备报废后,应当在装备档案中及时注销。

>>> >>> 模块七

通用航空典型事故调查案例

章节导读

　　安全是民航发展永恒的主题,而航空器事件调查是民航安全管理的重要环节,对提升行业安全管理水平、提高我国国际影响力和话语权具有深远意义。本章中,编者列出通用航空运行中典型的航空器撞线事故、积冰事故和发动机失效事故,通过对案例事发经过、事故分析、调查发现、安全建议等进行翻译编排,列举出事故发生可能的深层次原因,以及行业在运行中行之有效的安全措施,便于民航从业人员学习研究。

学习目标

知识目标:

1.了解通航典型事故类型。

2.学习通航典型事故调查报告。

3.分析通航事故调查中调查方法和调查技术。

能力目标:

1.掌握通用航空典型事故调查特点。

2.熟悉事故调查方法和调查技术。

素质目标:

1.培养树立责任意识、团结合作意识。

2.牢固树立四个意识,坚定四个自信。

第一节　航空器撞线事故调查

直升机低空飞行时由于挂碰线缆导致航空事故日益增加,此类事故往往导致直升机严重受损,人员伤亡惨重。经美国联邦航空管理局(FAA)研究发现,大多数直升机撞线都是发生于经验丰富的飞行员身上。1994—2004年,美国发生了124起涉及民用直升机的撞线事故,共造成41人死亡。通用航空业务约占60%,而农业业务约占事故总数的27%。飞行员的平均直升机飞行时间约为4000小时。近几年,国内也发生了多起直升机由于挂碰线缆导致的通用航空事故,为全国民航敲响了警钟。

(一)撞线事故案例

2019年7月6日,澳大利亚一架R44直升机,从维多利亚州曼斯菲尔德的一处私人住宅执行一次私人飞行,机上有一名乘客。在起飞后不久,直升机发生撞线,随后直升机失控坠毁,最终导致乘客重伤,飞行员轻伤(图7.1至图7.3)。

图7.1　R44直升机撞线事故1

2020年11月25日,澳大利亚运输安全局(ATSB)发布了此次事件的最终调查报告,描述事件过程如下:

2019年7月6日,东部标准时12:59,一架罗宾逊R44直升机从穆拉宾机场起飞,计划在曼斯菲尔德的一处农场附近执行私人飞行。直升机使用目视飞行规则飞行了128公里,机上有一名飞行员和一名乘客。

大约14:00,直升机向西在农场降落。

在农场大约停留了1个小时后,直升机计划返回穆拉宾机场。飞行员评估地面风后决定向西北方向起飞,离场路线跟之前进近路线不同,地形也不同。

15:05,直升机起飞并继续爬升。飞行员报告他重点关注避让离场路线上的两棵大树,但并未注意到在附近山顶上的电线杆。直升机加速到50节以上,离起飞点大约飞行了400米。

15:06,直升机挂碰了一条双线式电线,其离地高约50米。据飞行员称他没有看见电线,但是感到晃动并看到了挡风玻璃破裂。但他无法证实直升机是否撞线,而是继续操纵直升机降落。直升机快速下降,在挂碰电线后飞行了大约400米,飞行员感觉到另一次晃动。直升机与地面垂直相撞,并发生了动态翻滚。

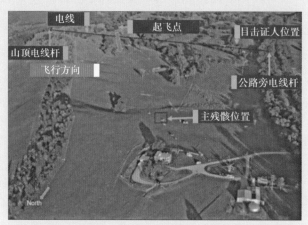

图7.2　R44直升机撞线事故2

一名站在电线下的目击者看到了直升机的起飞过程。他称,虽能看见电线但很难观察到电线。当直升机撞线时,他看见了一道弧形闪光。

图7.3　R44直升机撞线事故3

(二)影响因素

(1)作为飞行员飞行前计划的一部分,飞行员向农场主寻求并获取了相关障碍物的信息,包括电线。但是农场主并不知道贯穿山谷的电线分布。飞行员驾车多次观察了该区域附近的电线和电线杆,高约26英尺(8米)。但是他并不知道那根距离地面高48.1米的电线。

(2)发生碰撞的电线跨度较大,从小山顶上的一根电杆穿过山谷,一直连接到主干道附近的另一根电杆。跨距长度为559米,与山谷的垂直的最大距离为48.1米。根据澳大利亚 AS3891 文件第1第2部分,为增强电线的可见性,用于低空飞行的区域及以外区域的空中跨岛电缆及其支撑结构应设置永久性可识别标记。根据当地居民向澳大利亚运输安全局的反映,该电线于1970年架设,在1980年与一架低空作业飞机曾产生撞击,修复后电线上被安装了橙色塑料标识,但由于安装时间太久标识已消失,这导致电线不便于被观察。

(3)新南威尔士州和昆士兰州的电力公司都向通用航空飞行员提供高压输电线路和低压配电线路的网络地图的访问权限,尽管该网站信息可能不是最新的且不一定准确。但维多利亚州的电力公司并未向通用航空飞行员提供网络地图访问权限。

(三)原因分析

作为一个飞行经历并不丰富的直升机私用驾驶员,该驾驶员在飞行前对着陆点进行了实地考察,并从农场主那里寻求并获得了一些有关电线的信息,包括电线分布。但是农场主并不知道有穿过山谷的电线。加之,不同于其他州,该州没有提供可用于查询电线的网络地图服务,导致驾驶员未能获得该障碍物的相关信息进而制定飞行计划的风险评估。

由于驾驶员在着陆前没有对起飞和着陆航迹进行空中勘查,这导致驾驶员没有发现和意识到预定飞行航路上存在电线。

现场电线架设跨度较大,悬空高度高,中间没有电线杆相连,且无明显识别标识,导致驾驶员不方便观察飞行航路。

综上所述,驾驶员未能发现和意识到飞行航路上有电线,导致直升机撞线坠毁。

(四)安全建议

(1)直升机撞线事件的发生与飞行员的经历丰富与否没有直接关系,该事件可能发生在任何飞行员身上,因此建议每次飞行员要做好充足准备,有条件的应该对航路进行实地考察,了解障碍物的分布和电线走向情况。

(2)飞行员观察到电线的能力受到以下客观因素的影响,例如电线杆的间距、电线的方向、天气条件。由于环境因素的影响,电线与周边环境的区分度较小。加上电线的尺寸和视线观察的有限性,飞行员在飞行中几乎不能观察到电线。罗宾逊直升机公司安全通告SN-16提示:直升机撞线是致命的,直升机飞行员应采取以下安全措施:

①不要试图穿越电线,应目视电线杆并从电线杆上方直接飞过;

②不间断地寻找飞行航路周边可能出现的电线杆/高塔;

③除起降阶段,其他飞行阶段至少保持真高500英尺的高度飞行。

(3)相关电力公司应做好电线位置标记工作和电线网络图的资料更新。

(4)相关电力公司应在电线上加装显眼的目视防撞标识。

第二节 积冰事故调查

大多数与天气因素有关的通用航空事故几乎是致命的,而未能认识到不断恶化的天气仍然是事故发生的常见原因和促成因素,这其中,又以积冰事故最具代表性。美国国家运输安全委员会(NTSB)官网统计数据显示,航空器积冰是美国通用航空事故主要类型之一,2013—2018年,美国共计发生由于航空器积冰导致的通用航空事故7起。

(一)积冰事故案例

2018年2月23日,太平洋标准时间12:04,一架海岛速运航空公司的空中国王B100飞机从加拿大不列颠哥伦比亚省的阿伯兹福德国际机场07号跑道起飞,执行仪表飞行规则飞往美国加利福尼亚州圣贝纳迪诺国际机场。机上有1名飞行员和9名乘客。出发时,机场正在下雪。起飞几秒钟后,飞行员收上起落架。与此同时,飞机向左偏转并撞击在07号跑道北侧的地面上。飞行员和5名乘客受了重伤,其他4名乘客受轻伤,飞机受到撞击后损毁。紧急定位发射器激活并被全球卫星搜救系统探测到(图7.4至图7.6)。

2019年8月14日,加拿大运输安全局(CTSB)发布了此次事件的最终调查报告,描述事件过程如下:

在事件发生的当天,飞行员在大约08:00到达机库。在飞机起飞前几个小时,飞行员参与了几次不同的运行工作和商业活动。

图7.4　B100飞机积冰事故1

　　飞行员将本次飞行的大部分飞行计划和飞行前准备工作授权给海岛速运的工作人员。由于担心机场天气恶化,飞行员指示工作人员修改飞行计划并且安排飞机到其他机场进行海关检查。

　　大约10:30,旅客到达并在飞机的后行李舱用提供的货物网装好了自己的行李。为了让乘客方便登机和防止积雪,飞机关闭了舱门并停在机库。

　　11:21,飞行员打电话给阿博茨福德空中交通管制塔台,询问其是否可以在机库中提前获得放行许可。飞行员考虑的是,机场大雪,如果飞机延误,会被大雪覆盖。

　　11:40,飞行员打电话给空管,申请放行。但是,管制员不确定是否被允许这样做。然后,飞行员告诉管制员,他将把飞机拖出来,并通过无线电请求放行。飞行员还提到了积雪问题,他担心可能需要在雪中等待一段时间才能得到放行许可。管制员通知飞行员,有一架飞机降落,但不会明显延误他的起飞时间。

　　11:50,飞行员和乘客登上了飞机,机库门打开,飞机推出。这时,机场仍在下雪。

　　11:54,两个发动机都启动了。飞机没有涂抹防/除冰液。飞行员请求并复述了放行许可。11:55,飞机开始滑行到07号跑道。

　　在这之后不久,刚刚降落在07号跑道上的机组报告说他们大约在高于地面400英尺的高度才能看到机场,着陆时的刹车效应是中到差的等级。

　　11:59,飞行员报告在07号跑道外等待。飞机在等待起飞指令的过程中,飞行员没有观察到机翼上有积冰现象。2分钟过后,在07号跑道落地的飞机脱离了跑道,飞行员接到起飞指令。

　　12:03,飞机滑进了积雪覆盖的07号跑道,并立即起飞。

　　大约起飞后的4～5秒,飞行员选择了收上起落架。随着起落架收回,飞机大约向左侧滚转了30°。为了修正突发的左滚转,飞行员用了右副翼,飞机返回到了一个接近水平的姿态。为了立刻紧急迫降,飞行员减小油门,然后向前推杆着陆。飞机撞上了07号跑道和C滑行道之间的地形。飞机最终停止前,在雪地上滑行了大约760英尺。

飞机停止后,飞行员关闭燃油,关断活门,并命令乘客撤离飞机。飞行员随后离开驾驶舱,打开舱门帮助所有乘客离开飞机。在所有乘客都离开飞机后,进行机场救援和灭火工作的人员到达现场,随后阿伯茨福德消防部门和警察部门也到达了现场。

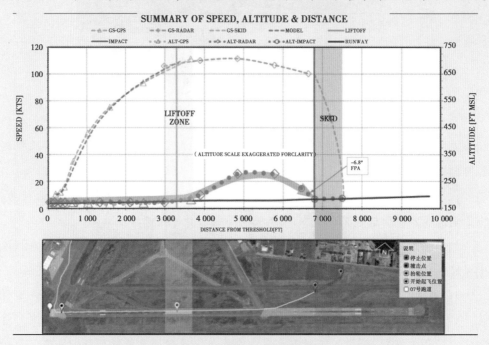

图7.5　B100飞机积冰事故2

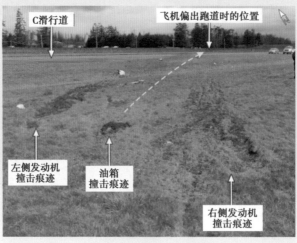

图7.6　B100飞机积冰事故3

(二)原因分析

调查组未发现此次事故存在保留的或者飞行中的机械故障。因此,调查组主要分析运行方面的因素,分析导致起飞时飞机失速的条件、地面积冰、飞行员决策、飞行计划、飞机装载和降雪强度报告。

当飞机从跑道上起飞,起落架收回时,飞机立即向左滚转,虽然这最初被认为是左发失效,但是没有依据。根据飞机性能分析,起飞过程中飞机没有增加多少高度或空速。当飞机起飞时,其指示空速达到峰值大约110节,随后开始下降。但是这个速度变化没有被发现,因为当时能见度很低,飞行员的注意力主要集中在飞机外部。综合考虑环境温度和飞机的状态,由于积冰和起飞爬升中空速降低,一旦飞机离开地面效应区,飞机就很可能失速。

事故中的飞机原本停放在一个温暖的机库中,随后在低于冰点温度的大雪中暴露14分钟,这创造了一个理想的地面积冰条件。随着飞机表面温度降到0°C,机翼上的积水层已经开始积冰,其中包括由冰冻的水滴结成的冰和部分融化的雪花。新雪花会继续落在现有的冰层上。4~5毫米的雪花落在飞机上,导致飞机表面非常粗糙,造成严重的空气动力损失。

在这次事件中,飞行员和家人一起执行飞行任务。事故发生在早上,与空管的通话表明飞行员担心大雪和任何延误对飞行安全的潜在影响。飞行员意识到了这些问题,但仍没有改变计划。在事故发生的那天早上,该飞行员参与了几次不同的运行工作和商业活动,分散了他的注意力,使他无法履行必要的职责,如飞行计划没有反映预定的航线、燃料需求和重量与平衡数据。此外,由于乘客在装载行李时完全不受监督,太重的行李没有被确认和固定。飞行记录也没有经过仔细审查,因此无法确定飞行前飞机是否适航。

由于航空气象报告和除/防冰液使用指南对降雪强度的规定不同,根据航空气象报告,当时机场天气为中雪。而除/防冰液使用指南综合地考虑了地面积冰的风险,当时机场天气被认定为大雪。在大雪中,防冰液的滞留时间为0分钟,换句话说,即防冰液不再有效。因此飞行员可能低估了地面积冰风险的重要性。如果飞行员只依靠航空例行气象报告或自动终端信息服务广播中的降雪强度报告,他们将不能正确地确定除/防冰液的有效时间,这增加了飞机发生事故的风险。

(三)调查发现

(1)事故飞机离开温暖的机库,在积冰条件下的大雪中暴露14分钟。这导致了地面严重积冰的可能性大大增加。

（2）随着飞机不断爬升，飞机在离开地面效应区后，因机翼积冰失速。

（3）飞行员的决策受到飞机持续飞行的影响，导致飞行员试图操纵一架关键飞行操纵面被冰雪"污染"的飞机。

（4）飞行员和坐在机组右边座位上的乘客都没有戴肩带。这导致他们头部在撞击过程中严重受伤。

（5）飞机发生撞击时，用于限制后行李舱行李的货物固定系统失效，一些行李对坐在机舱后部的乘客造成伤害。

（四）安全措施

事故发生后，海岛速运公司立即主动暂停公司运营，随后加拿大运输局暂停其运营证书，直到该公司获得批准换发新证。公司随后采取了以下安全措施：

（1）对公司手册进行全面审查，包括详细的除冰信息和冬季实际操作课程。

（2）增加公司的培训项目，包括教员培训项目。

（3）增加了所有机型的最低飞行员训练时间。

（4）引入电子飞行手册和新的飞行计划软件。

（5）引入新的运营飞行计划和签派放行程序，确保飞机安全放行。

（6）通过聘请额外的行政和维护人员降低公司员工的工作量。

（7）实施新的飞行机组人员工作时间安排，缓解飞行员的疲劳感。

（8）无惩罚的报告系统是安全管理系统的基础，目前其仍在开发中。

加拿大运输局对海岛速运公司的机组成员进行了三次初步的飞行员技能检查，验证其培训项目的完整性和有效性。其中包括进行一次对公司批准的飞行检查员的监控飞行。

第三节　发动机失效事故调查

发动机是飞机上一种高度复杂和精密的热力机械，不仅是飞机的动力来源，也是飞机的电力、液压、引气等系统的驱动源。因此，发动机被称为飞机的"心脏"，而发动机失效也成了飞行中最危险的情况之一。发动机失效可分为发动机部分失效和发动机全部失效,其中发动机部分失效更易引发事故,而造成发动机失效的原因众多,如发动机内部冷却、燃油系统故障、发动机损坏、发动机火警等。根据美国国家运输安全委员会(NTSB)统计,2018年美国发生亡人事故226起,其中发动机失效事故22起,占比9.7%;非亡人事故1066起,其中发动机失效事故188起,占比17.6%。

(一)发动机失效事故案例

　　2017年12月23日,一架Cessna172S飞机从位于北美洲的特克斯和凯科斯群岛(TCL)的普罗维登西雅莱斯机场起飞,计划从美国调机前往巴西。起飞后不久,飞机发动机就失去了动力,很可能是中间冷却器进气管的故障或脱落导致。飞行员试图在机场附近重新调整位置以便降落,但在试图转弯时飞机失去了控制,飞行员和乘客都受了致命伤,飞机严重损毁(图7.7至图7.8)。

图7.7　Cessna172S飞机发动机失效事故1

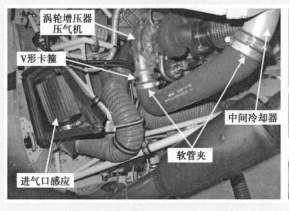

图7.8　Cessna172S飞机发动机失效事故2

2019年2月，英国航空事故调查局(AAIB)发布了此次事件的最终调查报告，事件过程描述如下：

　　这架飞机是在美国堪萨斯州独立市的制造厂新制造的。作为购买程序的一部分，这架飞机在2017年12月20日交付之前，已经根据美国联邦航空局补充型号证书(STC)安装了柴油发动机。由于飞机存在技术问题，飞机在出厂前需要安装一些替换部件，因此延期交付。

　　这架飞机将飞往巴西圣保罗，以便接受巴西当局为进口货物进行的强制技术检验。机组成员包括一名调机飞行员和一名乘客，该乘客是买方员工。考虑到飞机的尺寸和航程，飞行计划为先经过佛罗里达和加勒比群岛，然后再进入巴西。总而言之，这次飞行在到达目的地前计划经停10站。原计划在普罗维登西雅莱斯停留一晚，但由于飞机交付晚了，而且又是在年末，岛上没有合适的酒店。因此，飞行计划重新调整，从普罗维登西雅莱斯飞往多米尼加共和国蓬塔卡纳，飞行时间约为2.5小时。机组成员计划在这里过夜，然后再半路加入他们原来的飞行计划。

　　2017年12月20日，飞行员和乘客离开堪萨斯州的独立市，飞行了2.9小时，抵达密西西比州的默里迪恩市，机上人员在那里待了一晚。第二天，他们完成了4.5小时的飞行，到达佛罗里达州的劳德代尔堡。2017年12月23日，机组从劳德代尔堡起飞。从劳德代尔堡到普罗维登西雅莱斯的航线大约是520海里，大约需要5个小时。飞机于20:22(当地时间16:22)降落在普罗维登西雅莱斯，机组人员下飞机进入基地航站楼。飞机为接下来飞往蓬塔卡纳的航段加油。据目击者报告，机组人员很放松，对飞机或航线没有任何顾虑。

　　普罗维登夏莱斯的天气非常好，白天为东风，能见度超过10公里，温度28°C。21:23(当地时间17:23)，飞行员向普罗维登西雅莱斯的塔台请求滑行指示，以便飞往蓬塔卡纳。6分钟后，该机被允许进入10号跑道，此时，另一架飞机报告五边向台。21:31，塔台询问飞行员是否可以在目前的位置起飞。飞行员回答说可以，并在21:32收到起飞许可。飞机随后在跑道上进行了180度转弯，开始了起飞滑跑。

　　飞机刚从跑道上起飞，塔台管制员就注意到有烟从飞机里冒出来。起飞后不久，飞行员申请立即返航，管制员同意了飞行员的请求并要求飞行员在到达五边向台时向塔台报告。管制员随后看到飞机开始向左转弯。管制员观察到飞机在转弯时倾斜的角度越来越大，然后机头下垂，随即消失在了某些建筑物后。该频率上的其他飞机向管制员报告该飞机已经坠毁。大约1分钟后，虽然管制员看不到事故现场，但仍能清楚地看到一团黑烟。

　　飞机撞在了机场北面围栏外的地面上。事故地点是一块未开发土地的拐角处，与公路相接，旁边是一个加油站。警察和消防人员很快赶到了现场，但飞机已经被猛烈的大火吞噬。机上人员受了致命伤。验尸结果显示两个人极有可能死于最初的撞击。

(二)原因分析

1.发动机功率降低的原因

　　全权限数字式发动机控制(FADEC)记录的数据表明，在飞机起飞后不久，进气压力(MAP)下降至与周围环境的大气压力相同。发动机制造商随后进行的测试证实了进气压力的降低将导致发动机功率的大幅降低，正如事故中所发生的。测试还证实，全权限数字式发动机控制记录的进气压力降低与进气系统中涡轮增压器压气机排气口和发动机进气歧管之间的管道严重泄漏相符。进气压力的损失将导致发动机功率明显降低。发动机制造商证实，进气压力突然降低将导致空气质量流量降低，从而导致燃烧更加不充分，这与塔台内目击者所观察到的发动机冒出大量黑烟的现象相符。

　　通过检查飞机残骸，其发现飞机中间冷却器进气口和排气口以及进气歧管的进气口的软管接头有可能脱落，这些零件的丢失可能是进气泄漏的原因。在检测之后，也有可能是中间冷却器和进气歧管丢失。总之，剩下两种可能：

　　(1)与涡轮增压器压气机排气口相连接的进气软管可能失效。由于没有在飞机残骸中找到这个位置的唯一软管夹，因此推断它是在飞机起飞过程中脱落的，但无法对此情况进行深入研究。发动机制造商进行的测试表明，在涡轮增压器排气口倒钩上没有软管夹或者软管夹松动且未对准的情况下，当发动机以最大功率运行时，进气软管无法保持与涡轮增压器相连接。由于飞机在根据RI-05-0014-01维修指南拆装涡轮增压器和进气软管后安全飞行了多个航段，可以得出结论，至少在成功完成的飞行航段中，软管夹存在并且足够紧。

　　(2)由于中间冷却器进气软管在被撞击后仍留有少量碎片，因此无法确定在事故发生之前软管的状态。某个进气软管可能发生了故障，导致仪表显示的进气压力降低。

　　记录中的进气压力波动的原因尚未确定。进气压力波动可能导致进气系统中的组件过早失效，从而导致事故飞行起飞期间进气压力显著损失，然而没有其他的证据来支持或排除这一点。

2.返航决定

飞机起飞后,如果发动机完全或部分出现故障,可能会有多种原因促使飞行员尝试返航,主要原因是机场周围没有任何区域可供迫降。其他原因可能包括飞行员希望"保住飞机",畏惧在水中着陆以及想要寻找跑道。在类似情况下,起飞后的返航以飞机失速或进入螺旋而导致灾难性事故而结束。

发动机故障后的决策需要对眼下状况进行快速评估,然后要迅速决定应采取的措施。当眼下的情况是部分或大部分的动力损失,而不是损失全部动力时,飞行员可能需要快速评估可用功率是否满足飞机平飞或爬升。澳大利亚运输安全局的研究得出结论,由于飞行员面临的选择较为复杂以及地面上针对此类事件进行的训练较少,因此部分动力损失比完全动力损失更具挑战性。对发动机失效的训练大多集中在发动机动力完全失效的状况下进行训练。

起飞后失去动力(失去全部或部分动力)时,首先必须控制好飞机的状态。这需要飞行员采取积极的措施来避免飞机失速,尤其是在转弯时。

(三)事故结论

这架飞机刚起飞就失去了动力,这已通过记录下的发动机数据得到确认。该动力损失与发动机进气系统中的严重泄漏相关,该泄漏可能是进气软管的脱落或进气某个软管的故障引起的。飞行员返航的请求表明,他试图在机场降落,但随后又失去了对飞机的控制。飞机飞行的坡度增加了,当时朝下的机翼很可能就失速了,然后飞机迅速朝地面冲去。几乎可以肯定的是,飞行员和乘客是因撞击而丧生的,而不是在随后的大火中丧生的。

飞机损失了很多动力,但并不是无动力,可用动力足以使飞机平飞并完成平缓的转弯。澳大利亚运输安全局的研究表明,对于有效的决策而言,部分和隐藏的动力损失可能比完全动力损失更具挑战性。在这种情况下,更可行的方案是直接操纵飞机在前方迫降,这可能导致飞机损毁,但是大概率机组人员不会死亡。

附　录

附录1　专业名词定义

以下专业名词定义来源于《民用航空器事件技术调查规定》。

事故：对于有人驾驶航空器，从任何人登上航空器准备飞行直至所有这类人员离开航空器为止的时间内或者在机场活动区内；或对于无人驾驶航空器[①]而言，从航空器为飞行目的准备移动直至飞行结束停止移动且主要动力系统停车的时间内所发生的与航空器运行有关下列情况之一的事件，在此事件中：

（1）在航空器内，或与航空器任何部分包括已脱离航空器的部分直接接触，或直接暴露于喷气尾喷，而导致的人员死亡[②]或重伤；由于自然原因、自身和他人造成的死亡或受伤，或藏匿于供旅客和机组使用区域外偷乘航空器的人员造成的死亡或受伤除外。

（2）航空器受到损坏或结构故障。航空器的结构强度、性能或者飞行特性产生的不利影响，且通常需要大修或更换有关受损部件，参考民航局《民用航空器事故征候》。

以下情况除外：仅限于单台发动机（包括其整流罩或附件）的发动机失效或损坏，或仅限于螺旋桨、翼尖、天线、传感器、叶片、轮胎、刹车、机轮、整流片、面板、起落架舱门、风挡玻璃、航空器蒙皮（例如小凹坑或穿孔）的损坏，或对主旋翼叶片、尾桨叶片、起落架的轻微损坏，以及由冰雹或鸟撞击造成的轻微损坏（包括雷达天线罩上的穿孔）。

（3）航空器失踪[③]或者处于完全无法接近的地方。

组织事件调查的部门：是指按照《民用航空器事件调查规定》（CCAR-395）组织事件调查的各级民航行政机关。

航空器：是指在大气层内从空气的反作用（而不是从空气对地面的反作用）中获得空气动力的任何机器。

原因：是指导致事件发生的行为、疏忽、情形、条件或其组合。查明原因不是为了追究责任或确定行政、民事或刑事责任。

促成因素：是指可降低事件发生的概率和严重度的行为、疏忽、情形、条件或其组合。查明促成因素不是为了追究责任或确定行政、民事或刑事责任。

飞行记录器：是指安装在航空器内用于事件调查的记录设备。

[①]仅对获得适航审定或运行批准的无人驾驶航空器事故开展调查。
[②]人员死亡，是指事故发生之日起三十天内导致的人员死亡。
[③]航空器失踪，是指官方搜寻工作结束仍不能找到航空器残骸。

征候：是指在民用航空器运行阶段或者在机场活动区内发生的与航空器有关的，未构成事故但影响或者可能影响运行安全的事件。

调查：是指为预防事件发生而开展的查明事实情况、分析事件原因、作出事件结论，包括确定原因和促成因素，并酌情提出安全建议的过程。

调查组组长：由组织事件调查的部门任命，负责事件调查组织、实施与管理的人员，其有权对调查组组成和调查工作作出决定。

最大重量：是指最大审定的起飞重量。

运营人：是指从事航空器运营的个人、组织或企业。

初步报告：是指在调查初期由组织事件调查的部门及时发布的事件及调查情况的报告。

安全建议：是指组织事件调查的部门根据事件调查提出的旨在预防类似事件再次发生的建议。安全建议不用于过失或责任的认定。同时安全研究等也可以产生安全建议。

事件发生地：简称事发地，其是指

(1)事件发生在地面时，该地点即事件发生地。

(2)事件发生在飞行中(所有机轮离地)时。

1)航空器主残骸所在地即事件发生地；

2)航空器碰撞地面障碍物所在地即事件发生地；

3)除1)、2)外，发生以下情形之一，事发时对航空器实施空中交通管制服务的单位所在地即事件发生地。若事发时涉及多家空中交通管制服务单位，最早涉及的空中交通管制服务单位所在地即事件发生地。

①航空器间隔小于局方规章规定的标准间隔，或者航空器与地面障碍物的间隔小于局方规定的标准间隔；

②偏离进、离场程序，偏离指定的航路(线)或指定航迹或高度；

③陆空通信双向联系中断；

④发生有可控飞行撞地风险；

⑤误入禁区、危险区、限制区、炮射区或误出国境。

4)起飞阶段发生鸟击，起飞机场所在地即事件发生地。

5)其他情况下，航空器降落点所在地即事件发生地。

附录2　专业名词中英文对照

A				
AC	交流电/咨询通告	AOA	迎角
ACARS	航空器通信寻址和报告系统	AOC	航空经营人许可证
ACAS	机载防撞系统	AOM	航空器飞行手册
ACC	区域管制中心	APP	进近管制服务
AD	适航指令	APU	辅助动力装置
ADF	自动定向仪	ARTCC	空中航线交通管制中心
ADI	姿态指示地平仪	ASI	空速指示器
ADIZ	空防识别区	ASR	机场监视雷达/航空安全报告
ADS	自动相关监视	ASRS	航空安全报告系统
ADS-B	广播式自动相关监视	ATC	空中交通管制
AFCS	自动飞行控制系统	ATCC	空中交通管制中心
AFM	飞机飞行手册	ATFM	空中交通流量管理
AFTN	航空固定电信网	ATIS	航站自动情报服务
AGL	高出地面	ATPL	航线运输驾驶员执照
AIC	航行资料通告	ATS	空中交通服务
AIP	航行资料汇编	AVASIS	简式目视进近坡度指示器系统
AIREP	空中报告		
AMSL	高出平均海平面		
ANO	空中航行法令		
B				
C				
C	摄氏度(摄氏温度)	CG	重心
C	中心(跑道识别)	Cm	厘米
CAA	民航部门	C of A	适航证
CADC	中央大气数据计算机	CPL	商业驾驶员执照

CAM	驾驶舱区域麦克风	CRM	机组资源管理
CAS	校准空速	CRT	阴极射线管
CAT	晴空颠簸/种类	CTA	管制区域
CAVOK	云和能见度良好	CVR	驾驶舱话音记录仪
CFIT	可控飞行撞地		
D			
DA	决断高度	DFDR	数字飞行数据记录仪
DA/H	决断高度/决断高	DH	决断高
DC	直流电	DME	测距仪
E			
E	东/东经	ELT	紧急定位发射器
EAS	当量空速	EMI	电磁干扰
ECAM	中央化的电子航空器监测	EPR	发动机压力比
EFIS	电子飞行仪表系统	ETA	预计到达时间/预计到达
EGPWS	增强的近地警告系统	ETD	预计起飞时间/预计起飞
EGT	排气温度		
EICAS	发动机指示和机组告警系统		
F			
FAF	最后进近定位点	FIS	飞行情报服务
FAP	最后进近点	FL	飞行高度层
FAR	联邦航空条例	FMC	飞行管理计算机
FCOM	飞行机组操作手册	FMS	飞行管理系统
FD	飞行指引仪	FOD	外来物的损坏（物体）
FDAU	获取飞行数据的单位	FSS	飞行服务站
FDM	飞行驾驶舱的管理	ft	英尺
FDR	飞行数据记录仪	ft/min	每分钟/尺
FIR	飞行情报区		
G			
g	重力加速度	GPS	全球定位系统
GNSS	全球卫星导航系统	GPWS	近地警告系统

续表

H			
h	小时	HSI	水平状态指示器
HF	高频（3000-30000kHz）	HUD	平视显示
Hg	水银	HUET	直升机翻转水下逃生训练
hPa	百帕	Hz	赫兹（每秒的循环）
I			
IAF	起始进近点	IMC	仪表气象条件
IAS	指示空速	INS	惯性导航系统
IFR	仪表飞行规则	IRS	惯性基准系统
IIC	调查负责人	ISA	国际标准大气
ILS	仪表着陆系统		
J			
JAR	共同航空要求		
K			
kg	千克	km/h	千米/小时
kHz	千赫兹	kN	千牛顿
km	千米	kt	海里/时
L			
L	升	LLWS	低高度风切面
L	左侧（跑道识别）	LOFT	熟悉航线飞行训练
LDA	可用着陆距离	LORAN	远程导航系统
LED	发光二极管		
LF	低频（30-300kHz）		
M			
m	米	MLS	微波着陆系统
M	马赫数	mm	毫米
MAC	平均空气动力弦	MMEL	最低主设备清单
MDA	最低下降高度	MOC	最低超障余度（要求）
MDA/H	最低下降高度/高	MOPS	最低运行性能标准
MDH	最低下降高	MSA	最低扇区高度

续表

MEL	最低设备清单	MSL	平均海平面
MET	气象/气象学/气象服务	μ[mu]	滑跑摩擦的系数
MHz	兆赫(兹)		
min	分		
N			
N	北\北纬\牛顿	NOTAM	航行通告
NDB	无方向性信标	NM	海里
NDT	非破损性试验		
O			
OAT	外界大气温度	OCL	超障极限
OCA	超障高度	OCS	超障面
OCH	超障高	OPS	运行
P			
PA	公共寻址系统	PIC	机长
PANS	空中航行服务程序	PIREP	驾驶员报告
PAPI	精密进近航道指示器	P/N	零件号码
PAR	精密进近雷达	PPL	私用驾驶员执照
PCU	动力控制装置		
Q			
QA	质量保障	QNE	标准大气压
QAR	快速使用的录音机	QNH	修正海平面气压
QFE	场面气压		
R			
RA	无线电高度表/决断提示	RMI	无线电磁罗盘指示器
RCC	救援协调中心	RNAV	区域导航
RESA	跑道端安全区	RPM	每分钟转速
RF	无线电频率	RTF	无线电用语
RFFS	救援和消防服务	RVR	跑道视程
S			
s	秒	SMC	场面活动管制

续表

S	南/南纬度	SMR	场面活动雷达
SAR	搜寻与救援	S/N	序列号
SB	服务通告	SPECI	机场特殊气象报告
SCAS	稳定性和控制增强系统	SRA	监视雷达进近
SDR	服务困难报告	SPL	运动驾驶员执照
SEM	电子扫描显微镜	SSR	二次监视雷达
SI	国际系统单位	STAR	标准仪表进场
SID	标准仪表离场	STOL	短场起降
SIGMET	重要气象资料	SVR	斜视距
SL	服务信函	SWC	重要天气图
T			
t	吨	TDZ	接地区
TAF	机场航站预报	TMA	航站管制区域
TAR	航站区监视雷达	TODA	可用起飞距离
TAS	真空速	TORA	可用起飞滑跑距离
TAWS	地形警觉和警告系统	TRACON	终端雷达进近管制
TCAS	交通告警和防撞系统	TWR	机场管制塔台/机场管制
TCH	穿越跑道入口高度		
TDP	起飞决断点		
U			
UAC	高空区域管制	ULB	水下定位信标
UAR	高空航路	UTC	世界协调时
UHF	超高频(300-3000MHz)	UPRT	飞机复杂状态预防和改出训练
V			
VASIS	目视进近坡度指示器系统	VOR	甚高频全向信标
VFR	目视飞行规则	VSI	垂直速度指示器
VHF	甚高频(30-300MHz)	VTOL	垂直起降
VMC	目视气象条件		
V1	决断速度	VNE	极限速度
V2	起飞安全速度	VR	转速

续表

VMCA	空中最小控制速度	VRS	涡环状态
VMCL	发动机全部工作时,进近着陆的最小控制速度		
VMO/MMO	最大允许控制飞行速度或者最大允许控制马赫速度		
VREF	发动机全部工作时,进近着陆基准速度		
VS	正常失速机动时,飞行中校定的最小速度		
VS1	失速("净身"状态)		
W			
W	西/西经		
X			
Y			
Z			
Zulu time	世界协调时		

附录3　最终调查报告推荐模板

CAAC

民用航空器事件调查报告

事件类型(例如:跑道外接地/可控飞行撞地)

运营人航班号(例如:×航空×航班。若无航班号,只填运营人)

机型/机号(例如:塞斯纳C525/B-××)

事发位置(例如:起飞爬升/××终端管制区)

事发日期(例如:2020年6月28日)

事件等级(例如:通用航空事故/通用航空征候/一般事件)

(注:最终报告只保留括号内的内容)

报告编号:××××××××

中国民用航空××地区管理局(监管局)航空安全委员会

××××年×月×日

民用航空器事件调查的目的是查明原因，提出安全建议，防止类似事件再次发生。
当报告同时使用中英文编写时，如有任何文字表述得不一致，则应以中文版为准。

目　录

Ⅰ　缩略语(非必选项,可以缺省)

英文缩写	英文全称	中文全称

Ⅱ 名词定义(相关说明)(非必选项,可以缺省)

××

××

××

××

××

××××××××××××××××××××

 Ⅲ 时间基准(非必选项,可以缺省)

 本报告中所有事实情况基于FDR、CVR、QAR、陆空通话录音…空管雷达录像等数据整理而成,报告中的事件时间以____为基准,时间格式为北京时间。

 概述

 (事件简要经过)×××

××

××

××××××××××××××××××××××××××

 (调查简要经过)×××

××

××

××××××××××××××××××××××××××

 (事 件 等 级)×××

××

××

××××××××××××××××××××××××××

 (事 件 原 因)×××

××

××

××××××××××××××××××××××××××

 (提出安全建议简介)×××

××

××

××××××××××××××××××××××××××

1 事实情况

1.1 飞行经过

飞行经过应尽可能按照时间顺序叙述事故发生前的重要事件。这些资料通常从飞行记录、飞行数据记录仪、驾驶舱语音记录仪、ATC记录、ATC通话录音以及目击者的陈述中获取。飞行经过的目的是使读者了解事故是如何发生的。

在叙述飞行过程中应尽量避免对为什么发生事故进行分析。

对以下资料作简要叙述：

a.航班号、经营人和经营类别、飞行性质、机组情况介绍、起飞地点和时间、预定着陆地点；

b.起飞前后的飞行过程、飞行细节、无线电通信联络、飞行轨迹以及相关事件等；

c.事故发生地点描述还应包括经度和纬度以及地理参照位置、现场标高、事发时的当地时间和事故发生在白天、清晨、黄昏或夜晚。

1.2 人员伤亡情况

伤亡情况	机组	旅客	其他
死亡			
重伤			
轻伤/未伤			

1.3 航空器损坏情况

简单说明航空器在事故当中遭受损坏情况（包括毁坏、严重损坏、轻度损坏或没有损坏）。

1.4 其他损坏情况

简述航空器以外的其他物体因事故所受损坏的情况，比如建筑物、车辆、导航设施、机场结构和设施，以及对环境的破坏。

1.5 人员情况

简述飞行机组及与事故有关的其他人员的情况。

a.飞行机组成员的能力资格、经验和履历，包括年龄、性别、执照和等级的类型及有效期；总飞行时间、所飞机型和时间、该次飞行值勤时间；培训及训练情况；重要的体检履历和体格检查；48小时的值勤和休息时间；机组成员所处的位置。

b.与事故相关的客舱乘务人员、空中交通服务人员、航空器维护人员和其他相关人员的相关资料。

1.6 航空器情况

通常简要叙述航空器下列资料包括：

a.一般资料：航空器型号、制造厂家、出厂日期、机身序号、签署日期。

b.航空器履历：航空器出厂、大修和定检后总飞行小时，维修记录和维修文件、适航指令和维修服务通告执行情况，航空器改装情况等。

c.发动机资料：发动机型号和制造厂家，每台发动机的序号、装机日期、总使用时间、总使用热循环次数，大修时间及维修记录等。如系螺旋桨飞机也要提供其制造厂家及维修、使用等情况。

d.飞机加油情况：加注燃油种类、时间、地点、油量及燃油品质检验情况，起飞前飞机总燃油量。可根据事故情况描述油箱的分布和供油系统。

e.载重平衡：飞机基本重量，最大允许起飞全重、最大允许业载和着陆全重，飞机实际业载、飞机操作重量及实际起飞全重和发生事故时的全重。飞机实际起飞重心指数和规定重心指数。可根据事故的情况提供承运人有关载重控制的规定、载重分布及全重和重心的确定等安全性资料。本款也要提供危险物品的装载情况。

f.直升机：直升机还要提供旋翼和尾翼的型号、系列号、生产厂家，总飞行时间、大修和维修情况。

g.其他资料：可根据需要提供或说明飞机应答机、机载防撞系统（ACAS）、近地警告系统（GPWS）和地形提示与警告系统（TAWS）工作状态，特别是对空中相撞、进近和着陆阶段的事故以及可控飞行撞地事故要详细叙述上述系统的运行情况。

1.7 天气情况

简要介绍包括天气预报、天气实况、航路天气以及相关的气象条件等。

此部分介绍气象资料繁简程度取决于事故原因与天气条件的因果关系，如果事故原因与天气因素有关，则应详细介绍：

a.起降机场的航站预报、实况；

b.航路天气预报、实况；

c.机组获取气象资料的地点、时间及获取方式；

d.事故发生时和事故发生地点的气象观测实况；

e.飞行航路上实际气象条件，包括气象观测、重要气象条件；机组报告和目击者的陈述；

f.气象雷达记录、卫星照片、低空风切变告警系统的数据和其他记录的气象资料；

g.事故发生时自然光的条件（晴天/阴天、黎明/黄昏、日出/日落、黑夜/月光），阳光与飞行方向相对位置；

　　h.航空气象服务。

　　1.8　导航及目视辅助设施

　　主要介绍该机场导航设备设置状况和其设备在事故发生时的运行情况。

　　导航设备主要包括全球卫星导航系统(GNSS)、无方向信标(NDB)、全向信标(VOR)、测距仪(DME)、仪表着陆系统(ILS)。

　　目视辅助设施主要包括目视进近灯光系统、盘旋引近灯、目视标识等。

　　1.9　通信

　　介绍空中交通管制员和机组使用的通信设备(包括陆空和陆陆通信设备)名称、频率、呼号,通信联络情况,设备运行状况,通信联络文字记录。

　　如通信联络内容对分析事故原因有一定帮助可节选部分文字内容或将其附在附录中。

　　1.10　机场情况

　　起飞或着陆阶段发生事故应包含机场和其设施的有关资料：

　　a.机场名称、代码、地理坐标和标高；

　　b.跑道条件、识别标志、长度、坡度、性质,停止道长度及障碍物；

　　c.机场地理位置、天气特征、鸟类和野生动物活动情况；

　　d.机场当日保障情况、跑道检查计划和巡检情况等；

　　e.如不是机场,则是有关起飞或着陆地区的资料。

　　1.11　飞行记录器

　　主要介绍飞行记录器[飞行数据记录器(FDR)、驾驶舱话音记录器(CVR)]的基本情况(包括记录器制造厂家、件号、序号,记录时间、参数及安装位置等)、记录器现场搜救及损坏情况和译码情况分析、确认。

　　快速存取记录器、发动机参数记录器、航空器非易失性芯片、视频设备以及其他机载和地面记录仪器均属于记录器范畴。

　　1.12　残骸及事故现场情况

　　主要描述事故现场的基本情况和航空器残骸分布情况,其中包括飞行航迹最后阶段、撞击轨迹和撞击对地面、树木建筑物和其他物体造成的痕迹位置、顺序、撞击的方向及航空器在碰撞时的高度、姿态等。

　　还要描述事故现场的地形地貌,残骸分布形状、范围,残骸主要部件要注明其具体位置和状态。

驾驶舱各仪表的指示位置,各操纵手柄的位置,发动机工作状态,起落架收放状态,各操纵面位置,飞机机身、发动机失火等情况也要详细进行介绍。

1.13　医学及病理毒理学情况

简述飞行机组医疗、病理和毒理调查的结果,遇难者进行尸源(身份确认)鉴定和死亡原因鉴定结果。介绍幸存者基本情况、受伤程度、受伤原因及鉴定结果。

1.14　失火

对失火进行相关调查的事实情况。如果发生了失火或爆炸,应该简要介绍是在空中还是撞击地面时失火。空中失火要介绍航空器火警系统和灭火系统的能力,火源、失火原因、持续时间、对航空器结构和机上人员影响。地面失火还要介绍损害情况和蔓延程度。如未发生失火情况,此栏应注明"没有证据证明在飞行中或地面撞击后失火"。

1.15　生存和救援情况

介绍驾驶舱、客舱舱位、座位布局,机上总乘员数量、机组总人数、乘客总人数(包括儿童及年龄结构),幸存者总数量及座位分布情况。

应急救援情况(包括救援单位接到通知时间、施救时间、出动车辆、人员、现场保护等情况)。

机上人员疏散情况(包括向救援单位通报事故、机上应急照明的启用、紧急通信联络方式、紧急出口、紧急滑梯的使用情况及疏散中发生受伤等情况)。

1.16　实验和验证

在调查过程中所进行的所有的试验、检测和研究,飞行检测、模拟机检测、计算机仿真模型及航空器、发动机检测和失效分析等过程、验证结果和结论。

根据调查需要所进行的局部残骸和整机残骸拼凑也是该部分的内容。

1.17　组织和管理

与事故相关,对航空器运行直接或间接产生影响的运营者、维修机构、空中交通服务、机场管理、气象服务、飞机制造厂商、审定和执照颁发当局、管理当局及其他组织及其管理方面的资料。

有关运营人安全文化、安全管理政策、资源管理、资格审定、安全监督、运营手册、培训计划和实施及家庭援助计划等情况,存在的问题、缺陷也是该部分不可缺少的内容。

如需要,该部分还应包括运营人许可证种类和签发日期,经批准的经营类别和使用航空器类别及数量,经批准的区域、航线等资料。

1.18　其他资料

对事故的原因分析和事故结论有影响,而上述内容未包括的相关资料和事实。

例如召开公众听证会情况,包括时间、地点、参加人员、主题内容及各方意见等。

需要加以说明的其他与事故有关的资料。

2　分析

所谓分析是把一件事物、一种现象、一个概念分成简单的几个组成部分,找出这些部分的本质属性和彼此之间的联系,是根据调查的事实资料的重要内容进行讨论、分析、评估和研究,对可能导致事故发生的直接、间接和潜在的危险、隐患等因素,寻找其之间的关系,内在联系及促成的结果。简单说是把事实资料和事故结论之间进行逻辑联系,对"为什么"发生事故作出答复。

在分析部分中有必要重复在事实资料已经介绍的一些证据,但不是对事实的重新陈述,该部分不应该加入其他"新的"事实。

只对"事实情况"以及有关确定事故原因和结论的资料作出适当的分析。

3　结论

3.1　调查发现

(1)×××

(2)×××

(3)×××

(4)×××

(5)×××

(6)×××

(7)×××

(8)×××

(9)×××

（10）×××
×××××××××××××××

3.2 调查结论

（事件等级）××
×××××××××××××××××××××××××××

（事件原因）××
×××××××××××××××××××××××××××

4 安全建议

4.1 ××××通用航空有限公司

安全建议编号-1 ×××××××××××××××××××××××××××××××××××××
×××××××××××××××××××××××××

安全建议编号-2 ×××××××××××××××××××××××××××××××××××××
×××××××××××××××××××××××××

安全建议编号-3 ×××××××××××××××××××××××××××××××××××××
×××××××××××××××××××××××××

4.2 ××××机场有限公司

安全建议编号-4 ×××××××××××××××××××××××××××××××××××××××
×××××××××××××××××××××××××

安全建议编号-5 ×××××××××××××××××××××××××××××××××××××××
×××××××××××××××××××××××××

4.3 ××××空中交通管理局

安全建议编号-6 ×××××××××××××××××××××××××××××××××××××××
×××××××××××××××××××××××××

安全建议编号-7 ×××××××××××××××××××××××××××××××××××××××
×××××××××××××××××××××××××

......

参考文献

[1] 道格拉斯·A.维格曼,斯科特·A.夏佩尔.飞行事故人的失误分析:人的因素分析与分类系统[M].马锐,译.北京:中国民航出版社,2006.

[2] 中国民用航空局航空安全办公室,中国民航管理干部学院.通用航空安全读本[M].北京:中国民航出版社,2021.

[3] 中国民用航空总局人为因素课题组.民用航空人的因素培训手册[M].北京:中国民航出版社,2003.

[4] 王永根.通用航空典型安全问题研究[M].成都:西南交通大学出版社,2022.

[5] 刘义祥.火灾调查[M].北京:机械工业出版社,2012.

[6] 杨昌其,仇争平.通用航空事故调查方法与技术[M].成都:西南交通大学出版社,2020.

[7] 罗兰·穆勒,安德烈亚斯·威特默,克里斯托弗·德拉克斯.航空风险与安全管理方法与应用[M].倪海云、孙佳,等译,北京:中国工人出版社,2018.

[8] 西德尼·德克尔.安全科学基础[M].孙佳,等译.北京:中国工人出版社,2021.

[9] DON HARRIS, HELEN C. MUIR.航空安全与人为因素热点问题研究[M].刘晓杰,刘英,译.北京:中国民航出版社,2007.

[10] JAMES REASON.Human error[M].Cambridge:Cambridge University Press,1990.

[11] 李强.浅析优化民航维修体系中的质量监察制度[J].航空维修与工程,2021(5):118-120.

[12] 徐卫维,郑薇薇,幸绍平.现代民航飞机维修业手册管理及其重要性分析[J].航空维修与工程,2021(1):100-103.

[13] 许彪.论航空公司维修过程的安全管理[J].航空维修与工程,2016(9):32-38.

[14] 于郝欣,谢中朋.基于HFACS模型的通用航空飞行事故致因研究[J].安全,2021,42(12):31-35.

[15] 庞兵,于雯宇.基于改进的HFACS和模糊理论的航空事故人因分析[J].安全与环境学报,2018,18(5):1886-1890.